彩图 1　病鸡冠、肉髯出血、坏死

彩图 2　病鸡脚鳞片下出血

彩图 3　病鸡腺胃乳头充血、出血，
肌胃角质膜下出血

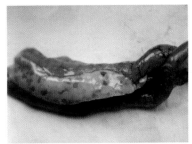

彩图 4　病鸡胰腺有出血点、
出血斑以及坏死点

彩图 5　病鸡出现神经症状、患鸡
头颈向一侧扭转

彩图 6　病鸡嗉囊内充满液体内容物

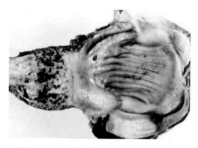

彩图 7　病鸡腺胃乳头针尖状出血

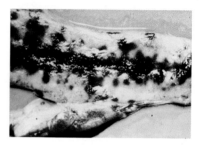

彩图 8　病鸡盲肠黏膜出血，盲肠
　　　　扁桃体出血和坏死

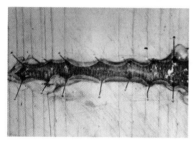

彩图 9　病鸡气管黏液增多，
　　　　气管黏膜严重出血

彩图 10　产蛋母鸡卵巢的卵泡出血

彩图 11　病鸡翅膀麻痹，翅下垂

彩图 12　病鸡坐骨神经麻痹，瘫痪
　　　　　或呈劈叉姿势

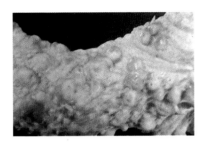

彩图 13　病鸡在皮肤上有大小
　　　　不等的肿瘤

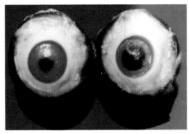

彩图 14　病鸡虹膜呈同心环状或
　　　　斑点状以至弥漫的灰白
　　　　色，瞳孔边缘不整

彩图 15　病鸡坐骨神经显著增粗

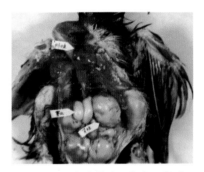

彩图 16　病鸡肺脏、睾丸、肾脏
　　　　出现肿瘤

彩图 17　病鸡在肝脏上出现
　　　　弥漫性肿瘤结节

彩图 18　病鸡精神高度沉郁、羽毛
　　　　逆立、伏地无力

彩图 19　病鸡两腿外侧肌肉出血

彩图 20　病鸡腺胃黏膜出血

彩图 21　病鸡法氏囊肿大，肾脏
　　　　　肿大、小叶灰白

彩图 22　病鸡法氏囊肿大、
　　　　　浆膜出血

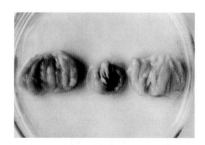

彩图 23　病鸡法氏囊萎缩，黏膜出血
　　　　　结痂（左右为正常）

彩图 24　病鸡胆囊肿大

彩图 25　病鸡肝脏表面有大量
坏死灶或结节

彩图 26　病鸡冠、肉髯肿大

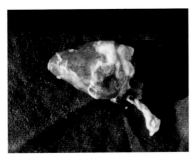

彩图 27　病鸡心脏冠状脂肪
出血点或出血斑

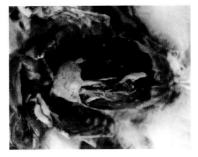

彩图 28　病鸡出现心包膜炎、
肝周炎

彩图 29　病鸡出现眼眶周围肿胀，眼
角有黄色干酪样渗出物

彩图 30　产蛋鸡泄殖腔有多量
卵黄液

彩图 31　产蛋鸡输卵管黏膜出血，有干酪样分泌物　　彩图 32　病鸡肺部有霉菌结节

彩图 33　病鸡盲肠肿大、浆膜有出血斑

彩图 34　病鸡肠道内出现大量蛔虫虫体　　彩图 35　病鸡趾关节肿

适度规模畜禽养殖场高效生产技术丛书

适度规模蛋鸡场高效生产技术

扶国才 魏 宁 主编

中国农业科学技术出版社

图书在版编目（CIP）数据

适度规模蛋鸡场高效生产技术／扶国才，魏宁主编．—北京：中国农业科学技术出版社，2015.9

（适度规模畜禽养殖场高效生产技术丛书）

ISBN 978 - 7 - 5116 - 0830 - 7

Ⅰ．①适…　Ⅱ．①扶…②魏…　Ⅲ．①卵用鸡 – 饲养管理

Ⅳ．①S831.4

中国版本图书馆 CIP 数据核字（2014）第 302007 号

责任编辑	闫庆健　范　潇
责任校对	李向荣

出 版 者	中国农业科学技术出版社
	北京市中关村南大街 12 号　邮编：100081
电　　话	(010)82106625(编辑室)　(010)82109702(发行部)
	(010)82109709(读者服务部)
传　　真	(010)82106625
网　　址	http://www.castp.cn
经 销 者	各地新华书店
印 刷 者	北京华正印刷有限公司
开　　本	889mm ×1 194mm　1/32
印　　张	9.5　彩插6面
字　　数	217 千字
版　　次	2015 年 9 月第 1 版　2015 年 9 月第 1 次印刷
定　　价	28.00 元

内容提要

　　本书内容包括：适度规模蛋鸡场建设，蛋鸡品种选择，蛋鸡繁殖与孵化，蛋鸡营养需要与日粮配制，蛋鸡各期饲养管理，蛋鸡常见疾病的综合防制，蛋鸡场环境污染与环境管理等。本书主要阐述了适度规模蛋鸡场高效生产的关键技术，针对性强，内容丰富，文字简洁，通俗易懂，适合广大蛋鸡养殖大户和规模养鸡场从业人员阅读参考。

前　言

自改革开放以来，我国蛋鸡生产快速发展，鸡蛋总产量不断攀升，现已成为世界最大的鸡蛋生产国，鸡蛋产量占世界总产量的40%以上。但不容忽视的是，我国蛋鸡产业发展过程中仍然存在一些比较突出的问题。一方面，目前我国蛋鸡生产以庭院养殖、副业生产、分散经营为特征的传统蛋鸡养殖模式仍占一定比重。这种方式缺乏统一的行业管理，低水平重复生产，规模小、经济效益不高，且不注意环境保护，环境污染严重，传染病蔓延，危害公共卫生，同时也威胁着人类的健康。另一方面，由于人们生活需求的日益增长和农村产业结构的调整，畜禽的规模化养殖也逐渐成为当今社会畜禽养殖产业发展的主要模式，采用高密度集约化笼养的大型蛋鸡养殖企业也像雨后春笋般崛起。大规模高密度集约化笼养虽然提高了鸡蛋产量，但投资大、生产成本高，同时带来了疫病增多、产品质量下降、环保压力增大、生物污染加剧等严重问题。

目前，我国蛋鸡产业发展进入了关键的转型期，蛋鸡产业发展与其他畜牧产业一样，应由注重产品数量转向质量和效益并重，生产效益应由注重经济效益转向经济效益、社会效益和生态效益并举。蛋鸡业未来发展的方向不再是只靠高密度小空间的大规模集约化笼养模式来单一追求鸡蛋产量的增加，而是在兼顾食品安全、生态环境安全等多种因素的前提下，寻找适度规模、最经济、可持续发展的饲养模式。如何推动蛋鸡生产转型升级，建立符合当前产业发展的标准化适度规模蛋鸡场，并进行高效标准化生产，是摆在我们面前的迫切问题。

为了适应新形势下蛋鸡生产的需要，进一步推动蛋鸡生产转型升级，我们根据我国目前出台的关于畜牧业生产方面的一系列方针政策，参阅了大量的资料，编写了《适度规模蛋鸡场高效生产技术》一书。书中介绍的知识和技术具有先进性、科学性和实用性，基本可以满足广大蛋鸡养殖大户和规模养殖场从业人员的实际需求。但由于编者水平和时间所限，不足之处在所难免，敬请同行和广大读者批评指正。

编　者

2014 年 11 月

目　　录

第一章

适度规模蛋鸡场的建设

第一节 适度规模蛋鸡场建设

目前，我国畜牧业发展进入了关键的转型期，主要畜产品供给实现了由"总量短缺"向"结构性、阶段性过剩"的历史性跨越，畜牧业发展由注重产品数量转向质量和效益并重，畜牧业生产效益由注重经济效益转向经济效益、社会效益和生态效益并举。蛋鸡生产作为畜牧业中的一个重要组成部分，同样面临新的挑战。以庭院养殖、副业生产、分散经营为特征的传统蛋鸡养殖模式给食品安全、公共卫生带来了压力，而且由于规模过小，经济效益也不理想。大规模高密度集约化笼养虽然提高了鸡蛋产量，但同时带来了动物疫病增多、产品质量下降、环保压力增大、生物污染加剧等严重问题。蛋鸡业未来发展的方向不再是只靠高密度小空间的大规模集约化笼养模式来单一追求鸡蛋产量的增加，而是在兼顾食品安全、生态环境安全等多种因素的前提下，寻找适度规模、最经济、可持续发展的饲养模式。如何推动蛋鸡生产转型升级，建立符合当前产业发展的标准化适度规模蛋鸡场是摆在我们面前的迫切问题。

一、蛋鸡场场址选择

适度规模蛋鸡场的场址必须具备3方面的基本要求。一是要能满足拟定规模蛋鸡场基本的生产需要，尤其是水、电、交通、通信等要满足需求；二是要有足够的面积，拟选场地应能满足职工生活办公、建设鸡舍、贮存饲料、粪便与垫料堆放与处理、消纳粪便与污水以及扩建等的面积要求；三是要有适宜的周边环境，尤其是必须符合本地区农牧业生产发展总体规划、土地利用发展规划和城乡建设发展规划的用地要求，不得在自然保护区、水源保护区、风景旅游区，自然灾害多发地带，自然环境污染严重地区选址建场。因此，在建设之前要认真考察场地，在首先满足规划和环保要求后，才能根据鸡场的性质、自然条件和社会条件等因素进行综合权衡而定址。

（一）位置与交通

适度规模蛋鸡场既要交通便利，又要符合卫生防疫要求。鸡场的产品、饲料以及各种物资的进出，运输所需的费用较大，建场时要选在交通方便，尽可能距离主要集散地近些，最好有公路、水路或铁路连接，以降低运输费用，但绝不能在车站、码头或交通要道（公路或铁路）的近旁建场，否则不利于防疫卫生，而且环境嘈杂，易引起鸡的应激反应，影响生长和产蛋。鸡场应位于居民区当地常年主风向下风处，畜禽屠宰场、交易市场的上风向。鸡场距离动物隔离场所、无害化处理场所3 000m以上；距离城镇居民区、文化教育科研等人员集中区域及公路、铁路等主要交通干线1 000m以上；距离生活饮用水源地、动物屠宰加工场所、动物和动物产品集贸市场500m以上；距离其他养殖场的间距应大于1 500m。

（二）地势与地形

场地要求地势高燥，至少要高出当地历史最高洪水线以上，地下水位要距地表 2m 以上，并避开低洼潮湿地和沼泽地。在平原地区建场，场地地形应平坦开阔，并稍高于周围地段，避免过多的边角和过于狭长。在靠近河流地区建场，应比当地水文资料中最高水位高 1～2m。在山区建场，应选择稍平缓的坡上，坡面向阳，总坡度不超过 25%，建筑区坡度应在 2.5% 以内，避开断层、滑坡、塌方的地段，也要避开坡底、谷地和风口。土质要求不能黏性太重，以排水良好、导热性弱、微生物不易繁殖、雨后容易干燥的沙壤土为佳。

（三）水源与水质

建设适度规模蛋鸡场，必须要有水量充足、水质良好的可靠水源。水量要能满足鸡场人、鸡生活和生产、消防、灌溉及今后发展用水的需要。水质应符合水质卫生指标要求。同时，水源应取用方便，投资节省，周围环境条件良好，便于进行卫生防护。选址时，要认真了解水源的情况，如地面水的流量，汛期水位；地下水的初见水位和最高水位，含水层的层次、厚度和流向。还要了解水质情况，如酸碱度、硬度、透明度，有无污染源和有害化学物质等。并应提取水样做水质的物理、化学和生物污染等方面的化验分析。在仅有地下水源地区建场，第一步应先打一眼井，如果打井时出现任何意外，如流速慢、泥沙或水质问题，最好是另选场址。

（四）可靠的电力供应

适度规模蛋鸡场要求有可靠的供电条件，一些生产环节如孵化、育雏、光照、机械通风等电力供应必须绝对保证。因此，选址时需了解供电源的位置，与鸡场的距离，最大供电允许量，是否经常停电，有无可能双路供电等。

（五）适宜的周边环境

符合当地的区划和环境距离要求，可合理使用附近的土地。规模鸡场特别要加强环境保护，防止环境污染。鸡场的粪水不能直接排入河流，以免污染水源和危害人民健康。鸡场的周围最好有农田、蔬菜地或果林场等，这样可把鸡场的粪水和周围农田的施肥与灌溉结合起来，也可利用鸡场粪水与养鱼结合，有控制地将污水排向鱼塘。否则，要进行污水的无害化处理，切不可将污水任意排放。

二、蛋鸡场内部规划与布局

（一）合理规划场地

为了建立良好的鸡场环境和组织高效率生产，适度规模蛋鸡场应根据生产功能分区规划，各区之间要建立最佳的生产联系和卫生防疫条件。规划时应根据地势和主导风向合理分区，生活区安排在上风口和地势最高的地方，接着是办公区、生产区，病鸡隔离和污物管理区应位于全场的下风向和地势最低的地方，并与生产区（鸡舍）保持一定的卫生间距。

生产区内应根据主导风向，按孵化室、育雏室、育成舍、成鸡舍等顺序排列设置。如主导风向为南风，则把孵化室和育雏室安排在南侧，成鸡舍安排在北侧，这样幼雏在上风向，可获得新鲜空气，减少幼、中雏的发病率。孵化室与鸡舍要分开，孵化室与场外联系较多，故应与鸡舍有一段距离。若孵化室与鸡舍、尤其是成鸡舍相距太近，在孵化器换气时，就有可能将成鸡舍的病菌带进孵化器，造成孵化器及胚胎、雏鸡的污染。辅助生产区如饲料库、饲料加工厂、蛋库、兽医室、车库等应接近生产区，要求交通方便，但又应与生产区有一定距离，以利防疫。

（二）科学安排鸡舍

1. 鸡舍的朝向

鸡舍的朝向与光照、通风和冷风渗透有关，规模鸡场应根据当地的地理位置和气候条件正确选择鸡舍的朝向。我国地处北纬20°~50°，太阳高度角冬季小、夏季大，为确保冬季鸡舍内获得较多的太阳辐射热，防止夏季太阳过分照射，鸡舍宜采用南向适当偏东或偏西为宜。这样的鸡舍具有冬暖夏凉的特点，有利于蛋鸡的生长发育和产蛋。当地的主导风向直接影响冬季鸡舍的热量损耗和夏季的通风。风向入射角（鸡舍墙面法线与主导风向的夹角）30°~60°时，舍内低速区（涡风区）面积减少，可改善舍内气流分布的均匀性，提高通风效果；背风面的涡流区较小，有害气体亦能顺利排出。

2. 鸡舍的排列

鸡舍排列的合理性关系到场区小气候、鸡舍的采光、通风、建筑物之间的联系、道路和管线铺设的长短、场地的利用率等。鸡舍群一般采取横向成排（东西）、纵向呈列（南北）的行列式，即各鸡舍应平行整齐呈梳状排列，不能相交。鸡舍群的排列要根据场地形状、鸡舍的数量和鸡舍的长度，酌情布置为单列、双列或多列式。生产区最好按方形或近似方形布置，应尽量避免狭长形布置，以避免饲料、粪污运输距离加大，饲养管理工作联系不便，道路、管线加长，建场投资增加。

鸡舍群按标准的行列式排列与地形地势、气候条件、鸡舍朝向选择等发生矛盾时，也可将鸡舍左右错开、上下错开排列，但要注意平行的原则，避免各鸡舍相互交错。当鸡舍长轴必须与夏季主风向垂直时，上风行鸡舍与下风行鸡舍应左右错开呈"品"

字形排列，这就等于加大了鸡舍间距，有利于鸡舍的通风；若鸡舍长轴与夏季主风方向所成角度较小时，左右列应前后错开，即顺气流方向逐列后错一定距离，也有利于通风。

3. 鸡舍的间距

鸡舍与鸡舍之间留足采光、通风、消防、卫生防疫间距。若距离过大，则会占地太多、浪费土地，并会增加道路、管线等基础设施投资，管理也不便。若距离过小，会加大各鸡舍间的干扰，对鸡舍采光和通风防疫等都不利。要满足采光要求，应使南排鸡舍冬季不挡北排日照，即要保证冬至日上午9时至下午3时这6h内使鸡舍南墙满日照。这就要求间距不小于南排鸡舍的阴影长度。一般地保持檐高的3～4倍。要满足通风和防疫要求，应使下风向的鸡舍不处于相邻上风向鸡舍的涡风区内，这样既不影响下风向的通风，又可避免上风向的污浊空气的污染。风向垂直于纵墙时涡风区最大，约为其檐高的5倍。事实证明，间距为檐高的3～5倍时，即可满足通风排污和卫生防疫的要求。防火间距取决于建筑物的材料、结构和使用特点，可参照我国建筑防火规范。鸡舍建筑一般为砖墙、混凝土屋顶或木质屋顶并做吊顶，耐火等级为二级或三级，要满足防火要求，间距应达到8～10m。因此，一般情况下，鸡舍间的距离以不小于鸡舍檐高的3～5倍且不小于跨度的1.5倍即可满足要求。

三、蛋鸡场公共卫生设施

(一) 蛋鸡场道路的设置

生产区的道路应净道和污道分开，以利卫生防疫。净道用于生产联系和运送饲料、产品，污道用于运送粪便污物、病畜和死鸡。场外的道路不能与生产区的道路直接相通。场前区与隔离区应分别设与场外相通的道路。场内道路应不透水，材料可视具体条件选择沥青、混凝土、砖、石或焦渣等，路面断面的坡度为1%～3%。道路宽度根据用途和车宽决定，通行载重汽车并与场外相连的道路需3.5～7m，通行电瓶车、小型车、手推车等场内用车辆需1.5～5m，只考虑单向行驶时可取其较小值，但需考虑回车道、回车半径及转弯半径。生产区的道路一般不行驶载重车，但应考虑消防状况下对路宽、回车和转弯半径的需要。道路两侧应留绿化和排水明沟位置。

（二）蛋鸡场的排水设施

排水设施一般可在道路一侧或两侧设明沟或暗管，明沟沟壁、沟底可砌砖、石，也可将土夯实做成梯形或三角形断面，再结合绿化护坡，以防塌陷。沟底应有1%～2%的坡度。暗沟排水系统如果过长（超过200m），应增设沉淀井，以免污物淤塞，影响排水。沉淀井不应设在运动场中或交通频频的干道附近。距供水水源应有200m以上的间距。暗沟应深达冻土层以下，以免因受冻而阻塞。为减轻蛋鸡场污水处理的负担，蛋鸡场的雨水和污水应分道排放。雨水可直接排放，如果鸡场场地本身坡度较大，也可以采取地面自由排水；但污水应排至本场或场外的污水处理设施，经净化处理后达标排放。

（三）场区绿化

1. 绿化环境的卫生意义

①绿化可以改善场区小气候状况。

②绿化可以净化空气环境。

③防疫防火、降低噪声。

2. 场区绿化带的设置

在进行鸡场规划时，必须规划出绿化地，其中包括防风林、隔离林、行道绿化、遮阳绿化、绿地等。防风林应设在冬季主风的上风向，沿围墙内外设置，最好是落叶树和常绿树搭配，高矮树种搭配，植树密度可稍大些；隔离林设在各场区之间及围墙内外，应选择树干高、树冠大的乔木；行道绿化是指道路两旁和排水沟边的绿化，起到路面遮阳和排水沟护坡的作用；遮阳绿化一般设于鸡舍南侧和西侧，起到为鸡舍墙、屋顶、门窗遮阳的作用；绿地绿化可植树、种花、种草，也可种植有饲用价值或经济价值的植物，如果树、苜蓿、草坪、草皮等，将绿化与养鸡场的经济效益结合起来。

国内外一些集约化养殖场尤其是种禽场为了确保卫生防疫安全的有效，场区内不种树，其目的是不给鸟儿有栖息之处，以防病原微生物通过鸟、鸟粪等杂物在场内传播，继而引起传染病。场区内除道路及建筑物之外全部铺种草坪，仍可起到调节场区内小气候、净化环境的作用。

（四）蛋鸡场的卫生防护设施

1. 场界防护

规模鸡场要有明确的场界，其周围应建较高的实体围墙或坚固的防疫沟，以防场外人员及动物进入场区。为了更有效地切断外界污染因素，必要时可往沟内放水。场界的这种防护设施必须严密，使外来人员、车辆只能从鸡场大门进入场区。

2. 区界防护

生产区与管理区之间应用围墙隔离，防止外来人员、车辆随意出入生产区。生产区与污物管理区之间也应设隔离屏障，如围墙、防疫沟、栅栏或隔离林带。

3. 消毒设施

在鸡场大门（设在管理区）、生产区入口和各畜舍入口处，应设相应的消毒设施，如车辆消毒池、脚踏消毒槽、喷雾消毒室、更衣换鞋间、淋浴间等，对进入场区的车辆、人员进行严格消毒。车辆消毒池设在牧场大门和生产区入口处，深度一般为20cm，长度应能保证载重汽车车轮在消毒液中至少转1周。脚踏消毒槽应设在人行边门，其深度一般为10cm。在生产区和鸡舍入口处，还可设紫外线消毒室，对进入人员衣服表面进行消毒，要求安全消毒时间为3~5min。

四、蛋鸡舍设计

(一) 适度规模蛋鸡舍设计的原则与要求

①应根据当地气候特点和生产要求选择鸡舍类型和构造方案。

②符合蛋鸡场总体布局要求，采用科学合理的生产工艺，并注意节约用地。

③满足蛋鸡饲养的需要，能为鸡群创造良好的环境条件。

④有利于集约化经营管理，提高经济效益。

⑤留有技术改造的余地，便于扩大再生产。

⑥在满足生产要求的情况下，尽可能降低生产成本。

实际生产中，一方面要反对那种追求形式、华而不实的铺张浪费现象，另一方面也要反对片面强调因陋就简的错误认识。因为鸡舍建造过于简陋，起不到保温和隔热的作用，在冬季，鸡舍温度过低，蛋鸡吃进去的饲料全被用于维持体温，没有生长和产蛋的余力。在夏季，鸡舍过于简陋，舍温过高，蛋鸡处于热应激状态，难以进行正常的产蛋。

（二）蛋鸡舍建筑类型

1. 全封闭式鸡舍

全封闭式鸡舍即无窗鸡舍，又称环境控制式鸡舍。鸡舍无窗（可设应急窗），完全采用用人工光照和机械通风，对电的依赖性极强。鸡群不受外界环境因素的影响，生产不受季节限制；可通过人工光照控制性成熟和产蛋；可切断疾病的自然传播，节约用地。但造价高；防疫体系要求严格，水电要求严格，管理水平要求高。我国北方地区一些大型工厂化养鸡场往往采用这种类型的鸡舍。

2. 开放式鸡舍

鸡舍设有窗洞或通风带。鸡舍不供暖，靠太阳能和鸡体散发的热能来维持舍内温度；通风也以自然通风为主，必要时辅以机械通风；采用自然光照辅以人工光照。开放式鸡舍具有防热容易保温难和基建投资运行费用少的特点。开放使鸡易受外界影响和病原的侵袭。我国南方地区一些中小型养鸡场或家庭式养鸡专业户往往采用。

3. 有窗封闭式鸡舍

这种鸡舍在南北两侧壁设窗作为进风口，通过开窗机来调节窗的开启程度。气候温和的季节依靠自然通风；在气候不利时则关闭南北两侧大窗，开启一侧山墙的进风口，和另一侧山墙上的风机进行纵向通风。兼备了开放与封闭鸡舍的双重功能，但该种鸡舍对窗户的密闭性能要求较高，以防造成机械通风时的通风短路现象。我国中部甚至华北的一些地区可采用此类鸡舍。

4. 简易节能开放型鸡舍

简易节能开放型自然通风鸡舍侧壁上部全部敞开，以半透明的或双幅塑料编织布的双层帘，或双层玻璃钢的多功能通风窗为南北两侧壁围护结构，依靠自然通风、自然采光，利用太阳能、鸡群体热和棚架蔓藤植物等遮阳自然生物环境条件；不设风机，不采暖，以塑料编织布或双层玻璃钢两用通风窗，通过卷帘机或开窗机控制启闭开度和檐下出气缝组织通风换气。通过长出檐的亭檐效应和地窗扫地风及上下通风带组织对流，增强通风效果，达到鸡舍降温的目的。通过南向的薄侧壁墙接收太阳辐射热能的温室效应和内外两层卷帘或双层窗，达到冬季增温和保温效果。

根据不同地区和条件，有两种构造类型，即砌筑型和装配型。砌筑型开放鸡舍，有轻钢结构大型波状瓦屋面，钢混结构平瓦屋面，砖拱薄壳屋面，混凝土结构梁、板柱、多孔板屋面；装配型鸡舍复合板块的复合材料也有多种：面层有金属镀锌板、金属彩色板、铝合金板、玻璃钢板等；芯层（保温层）有聚氨酯、聚苯乙烯等高分子发泡塑料，以及岩棉、矿渣棉、矿石纤维材料等。

该鸡舍适用性强，蛋鸡各个生理阶段均可适应；全国各地大、中、小型鸡场和养鸡专业户均可选用，尤其以太阳能资源充足的地区冬季效果最佳。

（三）各种鸡舍建造的具体要求

1. 育雏舍

育雏舍供从出壳到 6 周龄雏鸡用，舍内应有供暖设备，温度以 20～25℃为宜。建造要求是防寒保暖、通风向阳、干燥、密闭性好、坚固防鼠害。所以育雏舍要低，墙壁要厚，屋顶设天花板，房顶铺保温材料，门窗要严密。一般朝向南方，高 2.3～2.5m，跨度 6～9m，南北设窗，南窗台高 1.5m，宽 1.6m，北窗台高 1.5m，宽 1m 左右，水泥地面。平养时，鸡只直接养在铺有垫料的地面，笼养时，鸡只养在分列摆放的育雏笼中，列间距

70～100cm，可依跨度摆为两列三走道或三列四走道。

2. 育成舍

育成舍为7～20周龄鸡专用，此时鸡舍应有足够的活动面积保证鸡的生长发育，而且通风良好、坚固耐用、便于操作管理。有窗可封闭式和封闭式鸡舍均可选择。有窗可封闭式育成鸡舍一般高3～3.5m，宽6～9m，长度60m以内。封闭式育成鸡舍长度9～12m，跨度60～100m，山墙装备排风扇，采用纵向通风。平养鸡只直接养在铺有垫料的地面，笼养时，可依采取两列三走道或两列两走道、三列四走道或三列三走道等。

3. 种鸡舍

总的要求是鸡舍环境满足种鸡需要。地面平养，一般采用开放式鸡舍，可设运动场，舍内外面积比1：3。小群配种时应将舍分做若干4～6m²的小栏，大群配种不宜超过2 000只，饲养密度3～4只/m²。笼养种鸡舍可有个体笼养和小群笼养，前者采用人工授精技术，后者要求每只鸡占笼面积不小于600cm²，笼高不低于60cm。一般在750cm×2 400cm×600cm笼内放置2只公鸡，20只母鸡。

4. 商品蛋鸡舍

商品蛋鸡舍用于饲养20周龄直至淘汰的蛋鸡。要求坚固耐用，操作方便，内部环境好。采用密闭、开放均可。也可平养或笼养。鸡笼养时，可依采取两列三走道或两列两走道、三列四走道或三列三走道等。结构可参照育成鸡舍。

（四）不同饲养方式的舍内设置

集约化养鸡的饲养方式有平养和笼养两种。平养又可分为地面平养和离地平养；笼养则可分为重叠式笼养和阶梯式笼养，它们的特点和内部设置各有不同。

1. 平养

平养是指利用地面或各种床架饲养鸡群。平养投资少，饮水、喂料设备利用率高，便于观察鸡群。但单位面积饲养量小，房舍利用率低；鸡直接与粪便接触，粪便易对采食、饮水器具造成污染，不利于疾病的预防；群体较大，提鸡困难，免疫注射、分群管理不易。平养按不同的地面结构，分为地面平养和离地平养2种。

（1）地面平养　如鸡舍为泥土地面，一般先在地面铺上一层生石灰，然后在垫上 10cm 厚的垫草，如锯末、谷壳、稻草等，鸡拉粪在垫料上。在日常的饲养过程中，经常酌情添加新垫料，每隔一定时间，彻底清除垫料，并予以消毒。这种饲养方式适合于育雏、育成。

（2）离地平养（网或栅条上平养）　在离鸡舍地面一定高度（一般60~80cm）处架设床架，床架既可用木条、竹条、小圆竹制成，又可用金属网制成。鸡生活在床架上，粪便可以从栅条间隙或网眼上落下，不需要经常打扫清粪，鸡脚不直接接触粪便，利于防疫，蛋壳清洁。

对成年鸡而言，木条床架用的木条宽 2.5~3cm，空隙宽 2.5cm，板条走向与鸡舍的长轴平行；竹条床架用竹竿或竹片制成，竹材的直径或宽度与空隙一般均为 2.0~2.5cm；网状床架多采用 8 号、10 号或 12 号铅线搭配制成，网格的尺寸为 2.5cm × 3.0cm。不管是采用上述哪种材料制成的床架，最好是多块组装而成，下面可用支架支撑，这样既便于拆卸和组装，又便于清洗和消毒。床架下面的粪便，不定期地进行清理和消毒。

2. 笼养

笼养是使用特别笼具，配以饮水、喂料设备的饲养方式。按鸡笼摆放的方式不同，可分为单层笼养和多层笼养。笼养克服了平养的缺点，但笼养对房舍建筑要求较高，投资大。

（1）单层笼养　在鸡舍内只设置一层鸡笼，这样，鸡笼高度一致，温度、光照和通气等都比较均匀，鸡的生产效能也较稳定，同时，喂料、清粪、捡蛋等操作管理都比较方便，既可实现机械化，也可进行手工操作。

（2）多层笼养　多层笼养可分为多层重叠式笼养、全阶梯式笼养、半阶梯式笼养等。多层重叠式笼养，是各层鸡笼均在一条垂直线上重叠安置，每层笼下有承粪板或清粪传送带，育雏笼与肉用仔鸡笼多采用这种形式。全阶梯式笼养，一般分为两层和三层，两层或三层笼子完全错开形成阶梯状，这种排列方式，鸡粪可直接落入地下或粪沟内，有利于清理粪便；半阶梯式笼养，其鸡笼排列与全阶梯式大体相似，但上下层鸡笼之间稍有部分重叠，重叠部分的鸡笼下装有承粪板，可使用机械刮粪，也可使用人工清粪。

五、饲养蛋鸡的常用设备

(一) 饲喂设备

中小型鸡场多采用半自动喂料设备（图1-1），这种设备投资少、维修方便。半自动喂料设备采用两根角铁铺在走道上作轨道，用链条作动力传送，人推动料车链条带动绞龙把饲料均匀地分送到饲槽中。使用半自动加料设备要求鸡群在舍内各部位分布均匀。大型蛋鸡场为提高劳动效率，采用机械喂料系统（图1-2）。喂料设备包括贮料塔（料斗），输料机（提料机），喂料机（包括电机、输送绞龙、减速电机、下料管），饲槽等。

图 1 – 1 半自动喂料机

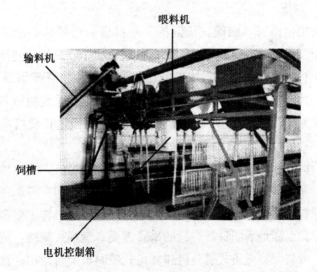

图 1 – 2 全自动喂料系统

1. 贮料塔

贮料塔建在鸡舍的一端或侧面，用来贮存该鸡舍 2 ~ 3d 的饲料，以防供料中断，不能均衡供料。塔顶有装料口，贮料塔下部圆锥面与水平面夹角应大于 60°，利于排料并防止结拱，必要时加防拱装置。上部塔盖侧面开一些通气孔，以排除饲料在存放过程中产生的各种气体和热量，避免塔内饲料发霉变质。

2. 输料机

目前，从料塔向鸡舍内送料的输送装置有螺旋弹簧式、普通螺旋式、塞盘式等多种形式，但以螺旋弹簧式居多。螺旋弹簧一端固接于输料机电机上，另一端连于贮料塔出料口螺旋轴上，螺旋弹簧旋转时，可把贮料塔中的饲料输送到鸡舍各下料口，经下料口落入喂食机料箱中。

3. 饲槽

常用饲槽有：饲碟、长饲槽、喂料桶和盘桶式饲槽等。饲碟：用于 5 日龄以内的雏鸡，每只饲碟可供 100 只雏鸡使用。长饲槽：长条形状，用塑料或镀锌板等材料制作，断面如图 1 - 3 所示，共 7 种形状。笼养饲槽半边高是防止鸡嘴采食时甩料，边缘卷弯为了提高其刚度，一般加料高度不要超过长食槽高度的 1/3。平养可双边采食，笼养只能单边采食。

喂料桶：结构如图 1 - 4 所示。适用于平养鸡，饲料加入料桶中，在调节机构的某一位置时，料桶与食盘之间有环形带状间隙，饲料由此间隙流到料盘外周供鸡食用，调节机构主要调节流料间隙，以满足不同日龄鸡只的采食需要。盘桶式饲槽：适用于平养，可与螺旋弹簧式喂料机和塞盘式喂料机配套使用。饲料从螺旋弹簧式输料管在卡箍部位下落到锥形桶和锥形盘之间，然后下流到饲盘，调节螺钉通过改变桶、盘之间的间隙调节该饲槽的

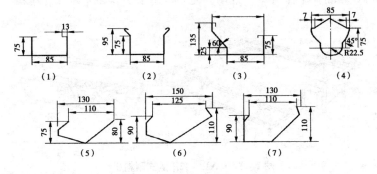

图1-3　长饲槽（单位：cm）

下料量。

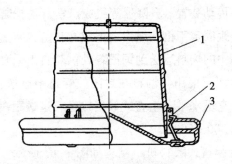

图1-4　喂料桶
1. 料桶　2. 调节机构　3. 食盘

4. 喂料机

（1）链式喂料机　由料槽、料箱、驱动器、链片、转角器、除尘器、料槽支架等部分组成。结构如图1-5所示，工作过程中驱动器通过链轮带动链片在长饲槽中循环回转，链片一边有斜面可以推进饲料，当链片经过料箱时，把饲料源源不断地送往四周食槽，供鸡采食，每只鸡所需的槽位10~12cm。喂料最大长度可达300m，工作可靠，维修方便，可用于平养和笼养鸡的喂料。

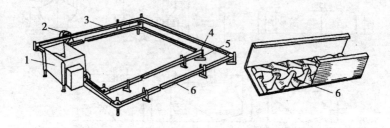

图1-5　9WL-42P链式喂料机

1. 料箱　2. 清洁器　3. 长饲槽　4. 转角轮　5. 升降器　6. 输送链

（2）塞盘式喂料机　如图1-6所示。由料箱、长饲槽、索盘、转角轮、传动装置、升降器等组成。索盘是把若干塑料塞盘用低温注塑等距固定于钢丝绳索上形成塞盘链，塞盘链在管中移动，就将料箱中的饲料运送到饲槽各处供鸡自由采食。这种喂料机平养、笼养均可使用，饲料在封闭的管道中运送，清洁卫生，不浪费饲料。它可水平、垂直或倾斜输送，运送距离可达130m，有的机型高达300~500m。

（3）螺旋弹簧式喂料机　结构如图1-7所示。工作时，电机驱动螺旋弹簧旋转，由螺旋弹簧侧面将饲料沿输料管向前推送，依次向每个盘筒式饲槽加料，当最末那个带有料位器的饲槽被加满后，料位器使电机停转，停止送料；当料位降低后，料位器又启动电机继续补料，如此周而复始，有的机型为了限量喂饲，采用手动控制喂食。这种喂料机结构简单，能够水平、垂直和倾斜输送饲料，并且被送饲料清洁免受污染，便于自动化操作。

（4）行车式自动喂料机　是一种骑跨在鸡笼上的喂料车，主

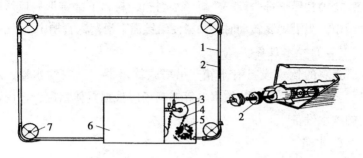

图1-6 8WS-35型塞盘式喂料机

1. 长饲槽 2. 索盘 3. 张紧轮 4. 传动装置

5. 驱动轮 6. 料箱 7. 转角轮

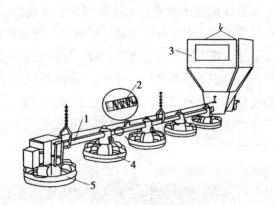

图1-7 螺旋弹簧喂料机

1. 输料管 2. 螺旋弹簧 3. 料箱 4. 盘筒式饲槽 5. 带料位器的饲槽

要用于笼养鸡舍。沿安装于鸡舍横梁上的导轨缓慢行走,通过水平搅龙将料箱中的饲料分送到各层食槽中。根据料箱的配置形式可分为顶料箱式和跨笼箱式。顶料箱行车式喂料机只有一个料箱,料箱底部装有搅龙,当喂料机工作时搅龙随之运转,将饲料推出料箱沿溜管均匀流入食槽。跨笼料箱喂料机根据鸡笼形式配置，每列食槽上都跨设一个矩形小料箱，料箱下部锥形扁口通向食槽中，当沿鸡笼转动时，饲料便沿锥面下滑落入食槽中。

(二) 饮水设备

蛋鸡的饮水设备有水箱、吊塔式饮水器、真空饮水器、水槽、乳头饮水器和杯式饮水器等，鸡场应根据具体情况，选用适宜的饮水设备。

1. 水箱

鸡场水源一般用自来水，其水压相对较大，采用普拉松自动饮水器、乳头式或杯式饮水器均需较低的水压，而且压力要控制在一定的范围内。这就需要在饮水管路前端设置减压装置，来实现自动降压和稳压的技术要求。水箱是使用最普遍的减压装置，采用无毒塑料或铝板、镀锌板等制成。水箱利用浮球阀来控制水面高度，浮子随水箱内水位的高度而升降，同时控制着进水阀门的开关，当水位达到预定高度时，自动关闭浮球阀，停止进水。水箱所置高度应使饮水器得到所需的水压，水箱底部应装设出水开关，便于经常清洗和排除水箱里的污垢杂质。

2. 槽式饮水器

槽式饮水器是一种最普通的饮水设备，可用于猪、牛、鸡等动物的饮水。可分为长流水式和控制水面式两种饮水槽。长流水式饮水槽是从水槽的一端连续不断地供水，另一端由溢水口排水，使水槽内始终保持一定的水位（图1-8）。

控制水面式饮水槽的一端设一小水箱，箱内装有浮球阀。水箱与水槽相通，由浮球阀自动控制水槽中的水位。水槽的断面有各种形状，常见的有 V 形和 U 形，可用镀锌薄钢板或塑料制成，两端有水堵，中间有接头，连接时要用胶密封。水槽用水钩固定在鸡笼的前方，要保持一定的水平度。槽式饮水器的水易被污

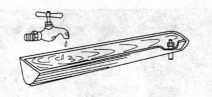

图1-8　长流水式饮水槽

染，蒸发量大，水槽要定期清洗。特别是长流水式水槽的耗水量大，故现已趋于淘汰。

3. 真空式饮水器

真空式饮水器中平养鸡常用的一种饮水器，结构如图1-9所示。由贮水罐与水盘扣接而成，在扣接之前，先将贮水罐装满水；扣接以后，把饮水器搁置在鸡舍里。空气由出水孔进入贮水罐内，水经出水孔流至水盘中。当水盘内的水淹没出水孔时，贮水罐内有一定的真空度，水则停止流出，盘中保持一定的水位。鸡只饮水后，盘中水位下降，空气又从出水孔进入贮水罐内，贮水罐内的水又流出补充。如此循环，直至贮水罐内的水全部流出为止。贮水罐的容量一般为2.5～10L，水盘的直径为160～300mm，槽深为25～40mm。每个真空饮水器可供50～100只雏鸡饮水。

4. 吊塔式饮水器

吊塔式饮水器又称为钟式饮水器或普拉松式饮水器，用绳索把它从天花板上悬挂下来，可按鸡龄大小调节吊装的高度。结构如图1-10所示。其特点是采用吊挂方式，自动控制进水，不妨碍鸡的活动，适应范围广，工作可靠，不需人工加水，吊挂高度可调，使饮水盘与雏鸡背部或成鸡的眼睛平齐。主要用在蛋鸡育成阶段、种鸡的平养方式。为了防止饮水器晃动，常设有防晃装

图1-9　真空式饮水器

置，有防晃杆、防晃挡圈和防晃水瓶3种。

　　吊塔式饮水器使用一段时间后，必须进行清洗。先用毛刷将饮水盘的水槽刷一遍。卸下吊杆，把脏水倒出。每批鸡出栏后，应将饮水器拆开，进行清洗消毒。

图1-10　吊塔式饮水器

5. 乳头式饮水器

乳头式饮水器可用于鸡的笼养和平养方式。结构如图1-11

和图 1－12 所示。其特点是水质不易污染、减少疾病的传播、蒸发量少、适用范围广，且用后不需要清洗、省水省力，是一种封闭式的理想饮水设备。但乳头式饮水器对水质要求高、易堵塞，应在供水管路上加装过滤器，滤网规格不小于 200 目，并尽可能采用塑料管路。对水压要求高，要用减压水箱或减压阀降低水压。并可配备自动加药器，进行饮水免疫、预防和治疗性投药。

图 1－11　鸡用乳头式饮水器

鸡用乳头式饮水器有钢球阀杆式密封、弹簧阀杆式密封和锥杆密封式 3 种。锥杆密封式、钢球阀杆式密封适合雏鸡、蛋鸡育成阶段，肉仔鸡、种鸡和火鸡的平养方式和笼养方式，弹簧阀杆式密封因开阀力稍大不能用于雏鸡。优质的乳头式饮水器阀体由 ABS 工程塑料制成，触杆、钢球、弹簧由不锈钢制成。密封圈用聚四氟乙烯材料，弹性好，质量好，不易老化，使用寿命长。

乳头式饮水器安装要规范，保证水管平直，以确保水管各处

图 1-12　鸡用乳头式饮水系统

的供水量均匀。乳头饮水器应垂直安装，不妨碍鸡的活动，鸡仰头用喙啄开阀芯就可使水流出饮水，符合鸡的仰头饮水习惯。平养时的供水线上要有防栖钢丝和脉冲电击器，以防鸡踩坏供水线。安装完毕，必须供水，鸡用喙去啄，啄出水后，慢慢就形成条件反射，渴时就会随时饮用。笼养鸡的饮水器的安装位置是装在笼子上方或装在笼子前边、食槽的上方。

6. 杯式饮水器

杯式饮水器形状像一个小水杯，由阀帽、挺杆、触发板和杯体等部分组成。水杯与自来水管相连通，杯内有一触发板，平时触发板上总存留一些水，当鸡啄触发板时，通过挺杆将阀门打开，水流入杯内。借助于水的浮力使触板恢复原位，水就不再流出。杯式饮水器供水可靠，不易漏水，用水量小，不易传染疾病，适用于笼养和平养的各种鸡舍。其主要缺点是鸡饮水时易将饲料残渣带进杯内，需要经常清洗，而且清洗比较麻烦。

（三）清粪设备

目前常见的清粪机主要有牵引式地面刮板清粪机、传送带式清粪机和螺旋弹簧横向清粪机。

1. 牵引式刮粪机

一般由牵引装置、刮粪板、框架、钢丝绳、转向滑轮、钢丝绳转动器等组成。结构如图 1－13 所示。牵引机采用双绳轮单驱动的形式，由减速电机动力经链轮传至牵引绳轮，带动刮粪板进行作业，清粪时刮粪板自动落下，返回时自动抬起，牵引绳的张紧力由张紧器调节，黏结的鸡粪由清洁器清除，往返行程由限位电器系统控制。安装牵引式地面刮板清粪机的鸡舍，要根据鸡笼下粪沟宽度选择刮粪板宽度。为保证刮粪机正常运行，要求粪沟平直，沟底表面越平滑越好。因此，对土建要求严格。该机结构比较简单，维修方便，但钢丝绳易被鸡粪腐蚀而断裂。主要用于同一平面一条或多条粪沟的清粪，相邻两粪沟内的刮粪板由钢丝绳相连。也可用于楼上楼下联动清粪。

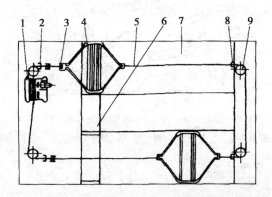

图 1－13　9FZQ—1800 型刮板式清粪机平面布置

1. 牵引装置　2. 限位清洁器　3. 张紧器　4. 刮粪板
5. 牵引钢丝绳　6. 横向粪沟　7. 纵向粪沟　8. 清洁器　9. 转角轮

2. 传送带清粪

常用于高密度重叠式笼的清粪，粪便经底网空隙直接落于传送带上，可省去承粪板和粪沟。传送带式清粪装置由传送带、主动轮、从动轮、托轮、尼龙刷等组成，传送带的材料要求较高，成本也昂贵。如制作和安装符合质量要求，则清粪效果好，否则系统易出现问题，会给日常管理工作带来许多麻烦。

3. 清粪车

清粪车由除粪铲、铲架、起落机构等组成。除粪铲将于铲架上，铲架末端销连在手扶拖拉机的一个固定销轴上。扳动起落机构的手杆，通过钢丝绳、滑轮组实现除粪铲的起落。图 1 – 14 为 9FZ – 145 型清粪车。该清粪车可用于高床（粪沟高 1.8m 以上）笼养和平养鸡舍的清粪。

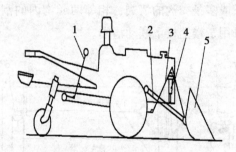

图 1 – 14　9FZ – 145 型清粪车结构

1. 起落手杆　2. 铲架　3. 钢丝绳　4. 深度控制装置　5. 除粪铲

（四）育雏保温设备

1. 煤炉

常作为专业户小规模育雏或提高冬天鸡舍内温度的加温设备。煤炉上设置炉管，炉管通向室外，通过炉管将煤烟及煤气排出室外，炉管在室外的开口要根据风向设置，以免经常迎风致煤炉倒烟。一般保温良好的房舍，每 15 ~ 20m² 采用一个家用煤炉就可以达到雏鸡所需要的温度了。此法简单易行，投资不大，但添煤、出灰比较麻烦，且室内较脏，空气质量不佳，尤应注意适当通风，防止煤气中毒。

2. 烟道（火炕）

烟道分为地上烟道和地下烟道两种，常用于供电不正常地区育雏室的加温。烟道用砖或土坯建在育雏室内，炉灶一般砌在育雏室的北墙外，烟囱砌在育雏室的南墙外，烟囱高出屋顶 1m 以上。通过烟道把炉灶和烟囱连接起来，用煤或柴等燃料在炉灶内燃烧，把炉温导入烟道内，通过烟道散热提高室温。地上式是把烟道砌在地面上，操作不便，消毒也较困难，一般用于地下水位较高的地区。地下式是把烟道埋在地面以下，便于操作，散热慢，保温时间长，耗燃料少，且热从地下面上升，地面和垫料暖和干燥，适合于雏鸡伏卧地面休息的习性，育雏效果较好。

3. 红外线灯与红外加热器

在育雏室一定高度悬挂若干个红外线灯泡，利用红外线灯发出的热量育雏。开始时一般离地面 35～45cm，随着鸡龄增加，逐渐提高灯泡高度或逐渐减少灯泡数量，以逐渐降低温度。一般一个功率为 250W 的灯泡，可供 100～250 只雏鸡的供温用。红外灯育雏供温稳定，室内清洁，垫料干燥，雏鸡可以选择合适的温度，育雏效果较好。但是，耗电量多，灯泡易损，成本较高，供电不稳定的地区不能使用。

板状红外加热器的功率为 800W，其辐射面为金属氧化物或碳化物远红外涂层，配有温度自控装置。加热器辐射面离地 2m 左右为宜。使用 1～2h 后，表面涂层老化发白，这时应重新涂刷或更换，以保证辐射效率，节省能源。使用时，利用电阻丝的热能激发红外涂层，发出的不可见红外光，其波长为 0.76～1 000 μm。红外加热器除可以提高室温外，兼有杀菌、增加动物血液循环和降低发病率的作用。有资料指出，可使雏鸡成活率提高7%～10%。

4. 保温伞

保温伞是一种用于地面或网上平养的局部供暖设备。由伞状罩和热源两部分组成，伞状罩常用铁皮或纤维板做成，内夹隔热材料，以利保温。伞内设置热源，通过辐射传热方式为鸡群供暖。热源可采用电热、燃气或燃煤等。

（1）煤炉保温伞　即在煤炉的上部设有白铁皮或木板制成的伞形罩，煤炉下部有一进气管。根据煤炉管口的大小调节通风量，以控制火炉温度。出气管应引到室外（图1-15），该保温伞保温性能稳定，特别适用于电源不正常的地区。但在使用时，要防止煤气中毒。

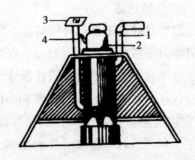

图1-15　煤炉保温伞
1. 出气烟管　2. 水壶　3. 玻璃板　4. 进气管

（2）电热式保温伞　分为上加温式和下加温式。下加温保温伞又称温床式，其电热件浇注在水泥里不能随意搬动。现在多采用上部加温式保温伞（图1-16），它安装、使用方便，热源设在伞内中间的上方，采用远红外管（板）或电热管作加温元件，向下辐射传热，为伞内雏鸡提供温暖的环境。伞顶部装有控温仪，可将伞下距地面5cm处的温度控制在26～35℃，温度调节方便。该设备的基本参数见表1－1。

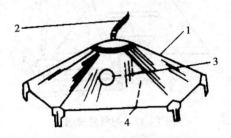

图1－16 电热保温伞

1. 保温伞 2. 电源线 3. 调节器 4. 电热丝

表1－1 保温伞的基本参数

项 目	参 数
伞口面积（m²）	1.7～2.5
育雏数（只）	500
加热器功率（W）	1000
控温范围（℃）	20～40
控温精确度（℃）	±0.5
使用电压（V）	220

（3）燃气式保温伞 以燃烧天然气、液化石油气、沼气等供热（图1－17）。燃气式保温伞伞内温度可自动调节，即通过调节燃气进气管上两个胀缩饼组成的调节器控制流量，达到控温的目的。一般直径为2.1～2.4m的燃气式育雏伞，日耗液化气3.54kg，容雏鸡700只左右。燃气式保温伞不如电热式方便，目前只在有充足液化气或天然气供应的地区使用。

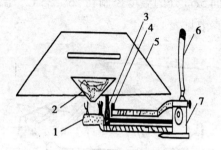

图 1－17　燃气式育雏伞

1. 加热笼组　2. 保温笼组　3. 活动笼组
4. 安全器　5. 伞体　6. 燃气管　7. 调节器

5. 电热育雏笼

该设备是由加热育雏笼、保温育雏笼、雏鸡活动笼 3 部分组成，每一部分都是独立的整体，可根据需要进行组合（图1－18）。如在温度高或采用室内加温的地方，可单独使用雏鸡活动笼。在温度较低的情况下，可适当减少雏鸡活动笼组数，而增加加热和保温育雏笼。电热育雏笼一般为 4 层，每层 4 个笼为一组，每个笼宽 60cm、高 30cm、长 110cm，装有电热板或电热管为热源。立体电热育雏笼饲养雏鸡的密度，开始为每平方米 70只左右，随着日龄的增长应逐渐减少饲养数量，到 20 日龄时为每平方米 50 只左右，夏季还应适当减少。

6. 热风炉

热风炉供暖系统主要由热风炉、送风风机、风机支架、电控箱、连接弯头、有孔风管等组成。热风炉有卧式和立式 2 种，是供暖系统中的主要设备。该系统以空气为介质，煤或油为燃料，采用送风方式，为鸡舍内空间提供无污染的洁净热空气，用于鸡舍的加温。该设备结构简单，热效率高，送热快，成本低。热风

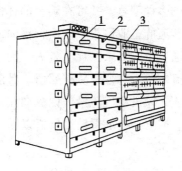

图 1 - 18　电热育雏器

1. 环行燃烧器　2. 反射板　3. 点燃器

出口温度为 80～120℃，热效率达 70% 以上，比锅炉供热成本降低 50% 左右，使用方便、安全，可有效解决鸡舍内通风与保温的矛盾，是目前广泛使用的一种采暖系统。一般 200MJ 热风炉的供暖面积可达 500m² 左右，400MJ 热风炉供暖面积可达 800～1 000m²。

（五）通风降温设备

现代化养鸡，饲养密度高，通风换气十分重要，如果鸡舍中的有害气体不及时排出，就会直接影响到鸡群的生长发育和产蛋率等。尤其是夏季，天气炎热，室内气温高，更要注意鸡舍通风和防暑降温。目前常用的通风降温设备主要有以下几种。

1. 风机

指鸡舍用来换气的通风机。鸡舍内一般选用节能、大直径、低转速的轴流式风机，它由机壳、托架、护网、百叶窗、叶轮和电机等组成。这种风机所吸入和送出的空气流向与风机叶片轴的方向平行。其特点主要是叶片旋转方向可以逆转，旋转方向改变气流方向随之改变，而通风量不减少。轴流式风机已设计成尺寸不同、风量不同的多种型号，并可在鸡舍的任何地方安装。以往采用小直径、高转速的工业风机，多实行横向通风，需要安装多台风机才能达到通风量的要求，耗电量大，因气流阻力大造成风速不均，循环气流短路，鸡舍内易有死角。目前，多改用纵向通风方式，采用轴流式风机使气流沿舍内纵向流动，阻力较小，近似于隧道式通风。据测算，采用轴流风机以纵向通风方式可比横向通风节电 40% ~50%。

2. 电风扇

用于鸡舍通风的电风扇主要有吊扇和圆周扇，它们安装在顶棚或墙内侧壁上，将空气直接吹向鸡体，从而在鸡只附近增加气流速度，促进了蒸发散热。吊扇所产生的气流形式适合于鸡舍的空气循环，其气流直冲向地面，吹散了上下冷热空气的层次，与径向轴对称的地面气流还可以沿径向吹送到鸡只所处的每个位置。圆周扇的工作原理与吊扇相似，但圆周扇可以进行 360°旋转，形成的气流与自然风相近。电风扇一般作为自然通风鸡舍的辅助设备，安装的位置与数量应视鸡舍的具体情况和饲养数量而定。

3. 湿帘—风机降温系统

湿帘—风机降温系统是目前生产中应用较多的一种降温系统。该系统由多孔湿帘、循环水系统、控制装置与节能风机等组成。湿帘采用特种高分子材料与木桨纤维分子空间交联，加入高吸水、强耐性材料胶结而成，具有较大的蒸发表面积。其结构如图 1–19 所示。水循环系统包括水泵、供回水管、集水箱、喷水管和溢流管等，其作用是使湿帘均匀湿润，并保证一定的泄水量。

湿帘—风机降温系统一般在封闭式鸡舍或卷帘式鸡舍内安装使用，它利用蒸发降温和纵向负压通风相结合的原理，将湿帘和

图 1-19 湿帘降温设备

水循环系统安装在鸡舍一端山墙或侧墙上，风机安装在另一端山墙或侧墙壁上。水泵将水输入湿帘上方的水分配管内，水分配管是一根带有许多细孔的水平管，它将水均匀分配使水沿湿帘全长淋下，通过湿帘的水被收集在水槽内再回入水箱。鸡舍另一端侧墙或端墙的排风机开动，使鸡舍内形成一定的负压，湿帘外的室外空气就通过湿帘进入舍内，在通过湿帘的同时水蒸发吸收热量，从而降低了进入空气的温度。这样鸡舍内的热空气不断由风机抽出，经过湿帘过滤后的冷空气不断吸入，从而可将舍温降低3~6℃。喷淋水帘如图1-20所示。

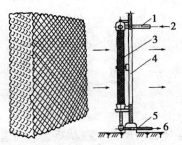

图 1-20 喷淋水帘外景

1. 供水管 2. 水泵供水 3. 湿帘 4. 进风口 5. 回水管 6. 循环池

4. 水蒸发式冷风机

水蒸发式冷风机是利用水蒸发吸热的原理达到降低空气温度的目的。在干燥的气候下使用时，降温效果显著，湿度较高时，降温效果稍差。

5. 喷雾降温系统

喷雾降温系统的冷却水由加压水泵加压，通过过滤器进入喷水管道系统以水雾状喷出，以降低鸡舍的温度。

（六）鸡笼

1. 全阶梯式蛋鸡笼

上下两层笼体完全错开，常见的为 2 ~ 3 层。其优点是：笼底不需要设粪板，如为粪坑也可不设清粪系统；结构简单；各层笼通风与光照面积大。缺点是：占地面积大，饲养密度低，设备投资较多。

2. 半阶梯式蛋鸡笼

上下两层笼体重叠 1/4 ~ 1/2，下层重叠部分上方安装一定角度的挡粪板。其通风效果比全阶梯式差，但饲养密度较高。

3. 重叠式蛋鸡笼

上下两层笼体完全重叠，常见的有 3 ~ 4 层，高的可达 8 层，饲养密度大大提高。其优点是：鸡舍利用率高，生产效益优。缺点是：鸡舍的建筑、通风设备、清粪设备要求较高，不便于观察鸡群，管理困难。

4. 种鸡笼

种鸡笼有单层笼和两层人工授精鸡笼。前者为公母同笼自然交配。后者常用于人工授精的鸡场，原种鸡场进行纯系个体产蛋记录时也可采用。

鸡笼的结构和组合方式如图 1 –21 和图 1 –22 所示。

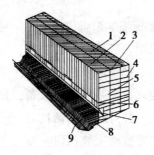

图1-21　鸡笼的结构

1. 顶前网　2. 笼门　3. 笼卡　4. 侧网

5. 饮水孔　6. 挂钩　7. 护蛋板　8. 蛋槽　9. 缓冲板

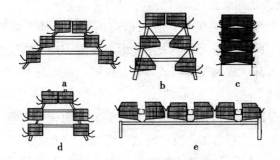

图1-22　鸡笼的组合方式

a. 全阶梯式　b. 半阶梯式　c. 叠层式　d. 阶叠混合式　e. 平置式

（七）其他设备

1. 清洗消毒设备

（1）多功能清洗机　具有冲洗和喷雾消毒2种用途，使用220V电源作动力，适用于鸡舍、孵化室地面冲洗和设备洗涤消毒。该产品进水管可接到水龙头上，水流量大压力高，配上高压喷枪，比常规手工冲洗快而洁净，并具有体积小、耐腐蚀、使用方便等优点。

（2）鸡舍固定管道喷雾消毒设备　是一种用机械代替人工喷雾的设备，主要由泵组、药液箱、输液管、喷头组件和固定架等构成。饲养管理人员手持喷雾器进行消毒，劳动强度大，消毒剂喷洒不均；采用固定式机械喷雾消毒设备，只需 2 ~ 3min 即可完成整个鸡舍消毒工作，并且药液喷洒均匀。固定管道喷雾消毒设备安装时，根据鸡舍跨度确定装几列喷头，一般 6m 以下装一列，7 ~ 12m 为两列，喷头组件的距离以每 4 ~ 5m 装一组为宜。此设备在夏季与通风设备配合使用，还可降低舍内温度 3 ~ 4℃，配上高压喷枪还可作清洗机使用。

2. 鸡粪处理设备

鸡粪处理的方法很多，应根据鸡场需要选择不同的处理设备，包括发酵、快速干燥、太阳能温室发酵干燥、热喷膨化和微波处理等，加工成鸡粪饲料或高效有机肥。

3. 断喙器

断喙是减少种鸡育成和产蛋期啄癖发生的有效措施。断喙设备形式多样，比较常用的有电动式断喙器（图 1 –23）、手提式断喙器（图 1 –24）和脚踏式断喙器（图 1 –25），另外还有红外线断喙仪（图 1 –26）。

图 1 –23　电动式断喙器

图 1 –24　手提式断喙器

图 1 – 25　脚踏式断喙器

图 1 – 26　Nova – Tech IRBRa 红外线自动断喙仪

4. 照明设备

（1）照明灯　照明灯包括白炽灯、荧光灯、节能灯和高压钠灯等。白炽灯是一种廉价、方便的光源，发光效率低、寿命短，生产中使用最多的是 15～60W 的白炽灯。白炽灯的灯头应采用防水灯头，以便于冲洗；荧光灯俗称日光灯，它由镇流器、启辉器、荧光灯管等组成，其发光效率高、省电、寿命长、光色好，但价格较贵；节能灯又叫紧凑型荧光灯，由于它具有光效高（是普通白炽灯泡的 5 倍）、节能效果明显（可节省75%的电费），寿命较长（是普通灯泡的8倍）、体积小、使用方便等优点，非常适合鸡场使用。高压钠灯只用于高大的鸡舍。

（2）光照控制器 灯光控制是养鸡生产中的重要环节。鸡舍灯光控制器取代人工开关灯，既能保证光照时间的准确无误、实行科学补充光照，同时又减少了因为舍内灯光的突然明暗交替给鸡群带来的应激。因鸡舍结构、饲养方式不同其控制方式也不相同，灯光控制器的控制原理、适用范围也不同。目前，市场上常见的灯光控制器有 KG－316 型微电脑时控开关、全自动渐开渐灭型灯光控制器、全自动速开速灭型灯光控制器等多种，可以根据各自的需求选用，并根据各种灯光控制器的说明进行使用。

第二节　适度规模蛋鸡场的经营模式

蛋鸡饲养行业主要有4种养殖经营模式：蛋鸡养殖合作社、蛋鸡养殖小区、大中型蛋鸡养殖企业和家庭农场等。投资者要根据所选养的蛋鸡品种、资金实力、技术水平等，合理选择适合自己的养殖经营模式。比如：资金实力不太强的，可以加入蛋鸡养殖合作社，也可以选择进入蛋鸡养殖小区从事蛋鸡养殖；资金实力强的，可以选择投资大中型蛋鸡养殖企业、家庭农场，还可选择投资集养殖、加工与产品销售于一体的全产业链的经营模式。

一、蛋鸡养殖合作社

蛋鸡养殖合作社是农民专业合作社的一种，是社会分工合作型专业化养蛋鸡模式。人们自愿联合起来，通过民主管理形成一个独立的、互助性的经济组织，是劳动者的联合，归劳动者共同所有。蛋鸡合作社是一个具有法人资格的新类型市场经济主体，是发展农村经济的重要组成部分。合作社既是具有法人地位的生产或经营企业，又是群众性的社团组织。合作社作为一个群众经济组织，有自己的组织原则和章程。加入合作社的全体成员，必须遵守这些原则和按章程办事，履行自己应尽的义务，并可享受应有的权利。合作社应起到规范养殖户的品种、规模和质量的作用，推动蛋鸡养殖走向适度规模化和专业化的道路。

蛋鸡养殖合作社由饲料企业、技术服务机构、养鸡场、鸡蛋销售商等组成。合作社饲料厂统一供应日粮；育雏育成场为部分养鸡户提供青年鸡，实现了社会化分工、专业化生产；养殖场按统一饲养管理程序、统一产品标准生产；合作社以保护价回收社员产品，进行喷码、包装，统一品牌销售。这种形式形成了蛋鸡生产的产业链，不仅提高了生产水平，也增加了抗风险能力。

合作社体现"民办、民管、民受益"的办社方针，以服务为宗旨，解决一家一户所不能解决的问题，实现共同发展，不单纯以营利为目的。社会分工合作型专业化养蛋鸡模式是必然趋势，这也是当今许多养蛋鸡发达国家和地区成功实现的蛋鸡养殖模式。

二、蛋鸡养殖小区

小规模、大群体的蛋鸡养殖模式存在很多问题。一是养殖环境差，主要是环境污染问题突出，虽然养殖数量大，但是规模小，养殖分散，养殖场缺乏整体规划和布局，鸡舍、养殖设施和设备简陋，加上环保意识差，使得养殖集中地区环境难于控制，出现了较为严重的环境污染；二是养殖技术水平参差不齐，疾病防治技术跟不上，造成蛋鸡生产性能不能充分发挥，使生产成本居高不下，影响了养殖户的经济效益；三是卖不上好价格，绝大部分的鸡蛋销售以鸡蛋贩子上门收购为主，销售没有统一的产品销售渠道，产品销售比较被动，受制于人。为了改变养鸡生产现状，在国家和地方政府的大力支持下，各地区相继建设了一些蛋鸡养殖小区。

通过小区的规范化建设，促使养殖户采取兼并、转让、租赁等方式，吸引社会资金或有实力的企业参与，优化蛋鸡养殖环境。通过强化合作，形成规模养殖、加工生产和销售为一体的集约化发展模式，可降低养殖成本，增强市场竞争力，增加养殖户收入。养殖小区按照环境、防疫、饲养管理等方面的要求，实行小区整体规划，如设集中生活办公区、生产区、粪污处理区。生产区将育雏育成鸡舍、产蛋鸡舍分开，避免交错排列。养殖小区普遍采用湿帘降温、热风炉供暖、纵向通风、乳头饮水、自动给料、机械清粪等先进养殖设施；采用先进饲养管理工艺。一户相当于一个生产单元，实行全进全出的生产工艺。小区疫病防治制度化和程序化，增强抵御风险的能力。制定严格的动物疫病预防和控制制度，小区内配备专职兽医技术人员，进行抗体检测，制定免疫程序，由专业队负责免疫接种；划分卫生消毒责任区，人员、车辆进入区内进行严格消毒；兽医用药、疫苗统一供应和管理，完善各项记录。小区采用先进工艺、技术与设备，改善饲养管理方式，从源头预防污染和削减排放量，以实现粪污的减量化、资源化、无害化处理。

三、大中型蛋鸡企业

大中型机械化养鸡场曾经对我国的养鸡业起到了很大的促进作用，提高了我国养鸡业现代化生产水平，缩小了和国外先进水平的差距，是我国养鸡业规模化生产的转折点，但存在体制不健全及成本高等问题。由于大中型蛋鸡企业在蛋鸡品种、资金、设施、加工销售上具有优势，且如今人们对鸡蛋产品的安全问题日益重视，使得大中型蛋鸡企业有了更广阔的发展空间。纵观国内外蛋鸡养殖业的发展经验，只有建立大中型规模化蛋鸡企业，才有利于产品质量的控制和品牌的树立，提高产品竞争力。今后我国的蛋鸡业，不但要继续发展适度规模饲养户，还要重视发展大中型现代化养鸡场。

大中型蛋鸡企业资金实力强，后劲足，建设投入大，起点高，鸡舍及设施标准高，饲养工艺先进。如大中型蛋鸡企业普遍采用先进的大型巷道式孵化设备，建设密闭式机械通风鸡舍，蛋鸡从育雏、育成到产蛋期都采用四层笼养，机械加料，饮水系统全部采用进口乳头饮水器饮水，机械刮板及传送带除粪，全进全出的饲养工艺。大中型蛋鸡企业由于从饲料、种鸡、孵化、育雏、育成、产蛋、加工直到销售等每个养殖环节都由企业自行完成，产品利润点多，其中的某一环节出现亏损，都可由其他环节弥补，可以从容应对市场波动。由于大中型蛋鸡企业生产能力强，鸡蛋在质量和产量上持续稳定，有利于市场价格稳定。避免了小散户一哄而上、一哄而下带来的价格波动。由于大中型企业在产品质量安全方面有完善的制度，以及社会关注度高，迫使企业要有较强的社会责任感。所以，在产品质量安全方面建立质量可追溯体系，保证销售到市场的每一个鸡蛋都是安全可追溯的。大中型蛋鸡企业是国家鼓励和支持的发展方向，可以得到政府的资金和政策支持。

四、家庭农场

家庭农场是指以家庭成员为主要劳动力，从事农业规模化、集约化、商品化生产经营，并以农业收入为家庭主要收入来源的新型农业经营主体。家庭农场一词起源于欧美，在我国，它类似于种养大户的升级版。在美国和西欧一些国家，农民通常在自有土地上经营，也有的租人部分或全部土地经营。农场主本人及其家庭成员直接参加生产劳动。早期家庭农场是独立的个体生产，在农业中占有重要地位。我国农村实行家庭承包经营后，有的农户向集体承包较多土地，实行规模经营，也被称为家庭农场。2013 年"家庭农场"的概念首次在中央"一号文件"中出现，称鼓励和支持承包土地向专业大户、家庭农场、农民合作社流转。

在我国，家庭农场的出现促进了农业经济的发展，推动了农业商品化的进程。家庭农场以追求效益最大化为目标，使农业由保障功能向赢利功能转变，克服了自给自足的小农经济弊端，商品化程度高，能为社会提供更多、更丰富的农产品。家庭农场比一般的农户更注重农产品质量安全，更易于政府监管。

第二章

蛋鸡品种选择

第一节 蛋鸡主要品种介绍

一、白壳蛋鸡

现代白壳蛋鸡全部来源于单冠白来航品变种。通过培育不同的纯系来生产两系、三系或四系杂交的商品蛋鸡。一般利用伴性快慢羽基因在商品代雏鸡实现自别雌雄。白壳蛋鸡开产早，产蛋量高；无就巢性；体积小，耗料少，产蛋的饲料报酬高；单位面积的饲养密度高，相对来讲，单位面积所得的总产蛋数多；适应性强，各种气候条件下均可饲养；蛋中血斑和肉斑率很低。最适于集约化笼养。白壳蛋鸡的不足之处主要是蛋重较小，富神经质，胆小怕人，抗应激性较差；好动爱飞，平养条件下需设置较高的围栏；啄癖多，特别是开产初期啄肛造成的伤亡率较高。目前我国饲养较多的优良白壳蛋鸡品种主要有以下几种。

(一) 星杂 288 白壳蛋鸡

该杂交鸡是由加拿大雪佛公司育成的。星杂 288 早先为三系配套，目前为四系配套。该品种过去是誉满全球的白壳蛋鸡，世界上有 90 多个国家和地区饲养。该品种的产蛋遗传潜力为 300

个，据雪佛公司资料：入舍鸡产蛋量 260～285 个，20 周龄体重 1 250～1 350g，产蛋期末体重 1 750～1 950g，0～20 周龄育成率 95%～98%，产蛋期存活率 91%～94%。据比利时、法国、德国、瑞典和英国的测定，平均资料为：72 周龄产蛋量 270.6 个，平均蛋重 60.4g，料蛋比 2.5∶1，产蛋期存活率 92%。原先我国引进的星杂 288 不能自别雌雄，近年来，山东省在茌平县种禽场已引进可羽速自别雌雄的新型星杂 288 祖代鸡。资料显示：新型星杂 288 商品鸡 156 日龄达 50% 产蛋率，80% 以上产蛋率可维持30 周之久，入舍鸡年产蛋量 270～290 个，平均蛋重 63g，料蛋比（2.2～2.4）∶1，成年鸡体重 1 670～1 800g。

(二) 海赛克斯白壳蛋鸡

该鸡系荷兰优利布里德公司育成的四系配套杂交鸡。特点是白羽毛，白蛋壳，商品代雏鸡羽速自别雌雄。以产蛋强度高、蛋重大而著称，被认为是当代最高产的白壳蛋鸡之一。据荷兰汉德克家禽育种公司介绍，商品代蛋鸡 0～17 周龄成活率 95.5%，17 周龄体重 1 120g，18～78 周龄成活率 91.8%，产蛋日龄（50%）145d，高峰期产蛋率 93%～96%，78 周龄入舍母鸡产蛋数 338 枚，总产蛋重 20.5kg/只，平均蛋重 60.7g，料蛋比 2.07∶1，淘汰体重 1 700g。

(三) 尼克白壳蛋鸡

尼克白鸡系美国辉瑞公司育成的三系配套杂交鸡。祖代鸡于1979 年引入广州市黄陂鸡场，目前有些地方仍有饲养，主要是作为育种素材使用。北京白鸡的Ⅷ系就是以尼克白鸡做素材选育的。尼克白商品代蛋鸡 0～20 周龄育成率 97%～98%，产蛋期（至 80 周龄）成活率 94%～96%。142～153 日龄达 50% 产蛋率，饲养日高峰产蛋率 95%，产蛋率超过 90% 周数为 18～21 周，80

周龄每只入舍母鸡产蛋量 349～359 个，平均蛋重 62.3g，总蛋重 21.83kg，料蛋比 (2.0～2.2)∶1；18 周龄体重 1 300g，80 周龄体重 1 840g。

（四）罗曼白壳蛋鸡

罗曼白壳蛋鸡系德国罗曼家禽育种公司育成的两系配套杂交鸡，由于其产蛋量高，蛋重大，受到人们的青睐。罗曼白商品代鸡 0～20 周龄育成率 96%～98%，20 周龄体重 1 300～1 350g；150～155 日龄达 50% 产蛋率，高峰产蛋率 92%～94%，72 周龄产蛋量 290～300 个，平均蛋重 62.5g，总蛋重 18～19kg，料蛋比 (2.3～2.4)∶1；产蛋期末体重 1 750～1 850g，产蛋期存活率 94%～96%。

（五）海兰 W–36 白壳蛋鸡

该鸡系美国海兰国际公司育成的配套杂交鸡。海兰 W–36 商品代鸡 0～18 周龄育成率 97%，平均体重 1 280g；161 日龄达 50% 产蛋率，高峰产蛋率 91%～94%，32 周龄平均蛋重 56.7g，70 周龄平均蛋重 64.8g，80 周龄入舍鸡产蛋量 294～315 个，饲养日产蛋量 305～325 个；产蛋期存活率 90%～94%。海兰 W–36 雏鸡可通过羽速自别雌雄。

（六）迪卡白壳蛋鸡

迪卡白系美国迪卡布公司育成的配套杂交鸡。该鸡具有显著的产蛋高峰和后期持久产蛋力，且性情温驯，适应能力强，蛋壳质地好。在一般管理条件下，均能表现出较好的特征，并取得高水准的生产率及经济报酬。50% 产蛋日龄 142～150d，高峰产蛋率周龄 27～29 周；育成期成活率 94%～96%，产蛋期成活率 90%～94%，高峰产蛋率 92%～97%。72 周龄入舍母鸡产蛋数 295～305 个，平均蛋重 61.5g，总蛋重 18.2～20.6kg，料蛋比

$(2.15 \sim 2.25):1$。

（七）华都京白 A98（宝万斯白）白壳蛋鸡

北京华都集团良种基地于分别于 1997 年、1998 年两次从荷兰汉德克家禽育种公司引进宝万斯白纯系。以此作为育种素材，运用汉德克公司提供的育种程序，采用先选后留和先留后选的两次选择及个体选择与家系选择相结合的育种方法，于 1998 年培育出了高产白羽白壳蛋鸡配套系——华都京白 A98（宝万斯白 Bovans White）。华都京白 A98（宝万斯白）为四元杂交白壳蛋鸡配套系，A 系、B 系、D 系为红色单冠、白毛快羽系；C 系为红色单冠、白毛慢羽系。父母代父本红色单冠、白毛快羽，母本为红色单冠、白毛慢羽。商品代雏鸡红色单冠、白羽、羽速自别，快羽为母雏，慢羽为公雏。其具典型的单冠白来航鸡的外貌特征。其高产性已被世界公认，蛋重均匀，蛋壳强度好。商品代蛋鸡 0 ~ 20 周龄成活率 96% ~ 98%，21 ~ 80 周龄成活率 94% ~ 95%，产蛋日龄（50%）140 ~ 147d，高峰期产蛋率 93% ~ 96%，入舍只鸡产蛋数 327 ~ 335 枚，平均蛋重 61 ~ 62g，料蛋比 $(2.12 \sim 2):1$，淘汰体重 1 700 ~ 1 800g。

（八）新杨白壳蛋鸡

新杨白壳蛋鸡配套系是由上海新杨家禽育种中心主持培育的蛋鸡配套系新品种。该配套系是在利用从国外引进的纯系蛋鸡育种资源的基础上，通过产学研相结合的方式，以国内蛋鸡优良品种的市场需求为导向，运用系统选育的方法，经过 3 年时间选育的白羽白壳蛋鸡新配套系。其商品代蛋鸡 0 ~ 20 周龄成活率 95% ~ 98%，21 ~ 72 周龄成活率 91% ~ 94%，产蛋日龄（50%）142 ~ 147d，高峰期产蛋率 92% ~ 95%，72 周龄产蛋数 290 ~ 305 枚，平均蛋重 61.5 ~ 63.5g，料蛋比 $(2.08 \sim 2.2):1$，72 周龄体重 1 650 ~ 1 700g。

二、褐壳蛋鸡

在世界集约化养禽业中，过去一直以白壳蛋鸡占主要地位，而从褐壳蛋鸡的产蛋性能有了明显提高后，褐壳蛋鸡的比重大大上升。目前，美国、德国、加拿大、日本等国家以白壳蛋鸡为主，而意大利、法国、英国等国以褐壳蛋鸡为多，比利时、荷兰两国数量基本持平。在我国，江南各省偏爱褐壳蛋，而北方对白壳蛋就不太挑剔，但也有喜爱褐壳蛋的趋势。现代褐壳蛋鸡最主要的配套模式是洛岛红（加有少量新汉夏血液）为父系，洛岛白或白洛克等带有伴性银色基因的品种作母系。利用横斑基因作自别雌雄时，则以洛岛红或其他非横斑羽型品种（如澳洲黑）作父系，以横斑洛克为母系作配套，生产商品代褐壳蛋鸡。褐壳蛋鸡体型较大，蛋重大，刚产蛋就比白壳蛋重；蛋的破损率较低，适于运输和保存；鸡的性情温顺，对应激敏感性低，易于管理；产蛋量较高；商品代小公鸡生长较好；耐寒性好，冬季产蛋率较平稳；啄癖少，死淘率低；杂交鸡可羽色雌雄鉴别。但褐壳蛋鸡日采食量比白壳蛋鸡多 5 ~ 6g，每只鸡所占面积比白壳蛋鸡多 15%左右，单位面积产蛋少 5% ~ 7%；饲养管理技术比白壳蛋鸡要求高，特别是必须实行限制饲养，否则过肥影响产蛋性能；蛋中较易出现血斑、黑斑，感观不太好；体型大，耐热性较差等。目前，我国饲养较多的优良褐壳蛋鸡品种主要有以下几种。

（一）伊莎褐壳蛋鸡

伊莎褐系法国伊莎公司育成的四系配套杂交鸡，是目前国际上最优秀的高产褐壳蛋鸡之一。伊莎褐父本两系为红褐色，母本两系均为白色，商品代雏可用羽色自别雌雄：公雏白色，母雏褐色。据伊莎公司的资料，商品代鸡：0～20周龄育成率97%～98%；20周龄体重1 600g；23周龄达50%产蛋率，25周龄母鸡进入产蛋高峰期，高峰产蛋率93%，76周龄入舍鸡产蛋量292个，饲养日产蛋量302个，平均蛋重62.5g，总蛋重18.2kg，料蛋比（2.4～2.5）：1；产蛋期末母鸡体重2 250g；存活率93%。

（二）海赛克斯褐壳蛋鸡

该鸡系荷兰尤利布里德公司育成的四系配套杂交鸡。该鸡在世界分布也较广，是目前国际上产蛋性能最好的褐壳蛋鸡之一。父本两系均为红褐色，母本两系均为白色，商品代雏可用羽色自别雌雄：公雏为白色，母雏为褐色。据该公司介绍，海赛克斯褐商品代鸡0～20周龄育成率97%；20周龄体重1 630g；78周龄产蛋量302个，平均蛋重63.6g，总蛋重19.2kg；产蛋期存活率95%。目前全国各地均有饲养，普遍反映该鸡种不仅产蛋性能好，而且适应性和抗病力强。

（三）罗曼褐壳蛋鸡

罗曼褐鸡系是德国罗曼公司育成的四系配套、产褐壳蛋的高产蛋鸡。父本两系均为褐色，母本两系均为白色。商品代雏接鸡可用羽色自别雌雄。据该公司的资料，罗曼褐商品鸡0～20周龄育成率97%～98%，152～158日龄达50%产蛋率；0～20周龄总耗料7.4～7.8kg，20周龄体重1 500～1 600g；高峰期产蛋率为90%～93%，72周龄入舍鸡产蛋量285～295个，12月龄平均蛋重63.5～64.5g，入舍鸡总蛋重18.2～18.8kg，料蛋比（2.3～2.4）：1；产蛋期末体重2 200～2 400g；产蛋期母鸡存活率94%～96%。罗曼褐曾祖代鸡于1989年引入上海市华申曾祖代蛋鸡场，祖代和父母代鸡场遍布全国各地。

（四）迪卡褐壳蛋鸡

迪卡褐壳蛋鸡是美国迪卡布公司育成的四系配套杂交鸡。父本两系均为褐羽，母本两系均为白羽。商品代雏鸡可用羽色自别雌雄。据该公司的资料，商品代蛋鸡：20周龄体重1 650g；0～20周龄育成率97%～98%；24～25周龄达50%产蛋率；高峰产蛋率达90%～95%，90%以上的产蛋率可维持12周，78周龄产蛋量为285～310个，蛋重63.5～64.5g，总蛋重18～19.9kg，料蛋比2.58：1；产蛋期存活率90%～95%。

（五）黄金褐壳蛋鸡

黄金褐壳蛋鸡是美国迪卡布公司培育的配套系蛋鸡，其特点是体型较小，外貌与迪卡褐无多大区别。据资料介绍，黄金褐商品鸡的生产性能如下：育成期育成率96%～98%，产蛋期存活率94%～96%。72周龄入舍鸡产蛋量290～310个，平均蛋重63～64g，高峰产蛋率92%～95%。料蛋比（2.07～2.28）：1。开产体重1 450～1 600g，成年母鸡体重2 050～2 150g。

（六）罗斯褐壳蛋鸡

罗斯褐壳蛋鸡为英国罗斯公司育成的四系配套杂交鸡。父本两系褐羽，母本两系白羽，商品代雏鸡可根据羽色自别雌雄。据罗斯公司的资料，罗斯褐商品代鸡：0～18周龄总耗料7kg，19～76周龄总耗料45.7kg；18周龄体重1 380g，76周龄体重2 200g；25～27周龄产蛋高峰，72周龄入舍鸡产蛋量280个，76周龄产蛋量298个，平均蛋重61.7g，料蛋比2.35：1。

（七）农大3号褐壳蛋鸡

农大3号褐壳蛋鸡是中国农业大学动物科技学院用纯合矮小型公鸡与慢羽普通型母鸡杂交推出的四系配套杂交鸡。父本两系均为红褐色，母本两系均为白色。其特点是父母代和商品代雏鸡都可用羽色自别雌雄。商品代母鸡产蛋性能高，适应性强，饲料报酬高，是目前国内选育的褐壳蛋鸡中最优秀的配套系。农大3号褐壳蛋鸡商品代育雏育成期（1～120日龄）成活率96%以上，产蛋期成活率95%以上，120日龄母鸡体重1 180g，成年母鸡体重1 550g，146～156日龄达50%产蛋率，高峰产蛋率95%以上，72周龄入舍母鸡产蛋数291个，72周龄饲养日产蛋数307个。平均蛋重54～58g，总蛋重16.7～17.4kg，料蛋比（1.86～2.05）:1。

（八）海兰褐壳蛋鸡

海兰褐壳蛋鸡是美国海兰国际公司育成的四系配套杂交鸡。父本红褐色，母本白色。商品雏鸡可用羽色自别雌雄。据海兰国际公司的资料，海兰商品鸡：0～20周龄育成率97%；20周龄体重1 540g，156日龄达50%产蛋率，29周龄达产蛋高峰，高峰产蛋率91%～96%，18～80周龄饲养日产蛋量299～318个，32周龄平均蛋重60.4g，料蛋比2.5:1；20～74周龄蛋鸡存活率91%～95%。

（九）星杂566褐壳蛋鸡

星杂566褐壳蛋鸡是加拿大雪佛公司培育的四系配套杂交鸡。上面提到的褐壳蛋鸡均通过金色基因与银色基因的伴性遗传达到羽色自别雌雄的目的，而星杂566是非条纹与条纹的原理羽色自别雌雄。据该公司资料，杂交鸡：72周龄产蛋量245～265个，平均蛋重64g，总蛋重15.7～17kg；料蛋比（2.5～2.7）:1。与星杂566羽色相似的蛋鸡还有哈可、海兰黑鸡等。B-6鸡就是以星杂566为基础育成的。

（十）B-6褐壳蛋鸡

B-6鸡是国内选育的唯一黑羽的褐壳蛋鸡，是中国农业科学院北京畜牧兽医研究所育成的两系配套杂交鸡，用引进的素材通过封闭群家系选育方法育成的。父本羽色红褐，母本鸡为斑纹洛克，俗称芦花鸡，商品代鸡可用羽色自别雌雄：公鸡绒毛黑色，头顶上有一白色的亮斑，母雏绒毛也是黑色，但头顶上没有黑色亮斑。公雏长大后羽毛呈杂色的斑纹，母雏长大后羽毛变成黑色或麻黑、麻黄色。其生产性能：0~20周龄育成率93.5%；20周龄体重1 680g；155日龄达50%产蛋率，72周龄产蛋量274.6个，平均蛋重58.28g，总蛋重16.01kg，料蛋比2.54:1；产蛋期末体重2 100g；产蛋期存活率82.7%。该鸡种体型偏大，蛋重偏小。

三、浅褐壳（粉壳）蛋鸡

浅褐壳（粉壳）蛋鸡是利用轻型白来航鸡与中型褐壳蛋鸡杂交生产的商品鸡，其蛋壳颜色介于褐壳蛋与白壳蛋之间，呈浅褐色，严格地说属于褐壳蛋，不少人称其为粉壳蛋。用作现代白壳蛋鸡和褐壳蛋鸡的标准品种一般都可用于浅褐壳（粉壳）蛋鸡。目前主要采用的是以洛岛红型鸡作为父系，与白来航型母系杂交，并利用伴性快慢羽基因自别雌雄。浅褐壳蛋鸡有两种类型，一种是用褐壳蛋公鸡和白壳蛋母鸡杂交，商品鸡羽毛颜色较杂乱，蛋壳颜色较一致，京白939属于这种类型；另一种是用白壳蛋公鸡和褐壳蛋母鸡杂交，商品鸡羽毛颜色几乎全为白色，个别在颈部有少量金色羽毛，蛋壳颜色一致性不如京白939型，如农大褐2号（中国农大）、亚康（以色列）等属于这种类型。有些地方用商品鸡作种用生产浅褐壳蛋鸡，这种做法不可取，后代不仅生产性能不能保证，而且商品鸡一般不进行疾病净化，用它作种后代带病较多。浅褐壳蛋鸡由于是两个遗传距离比较远的品种间杂交，一般杂种优势显著，生产性能较好。目前，我国饲养较多的优良浅褐壳（粉壳）蛋鸡品种主要有以下几种。

（一）星杂444粉壳蛋鸡

该品种是由加拿大雪佛公司培育而成的三系配套杂交粉壳蛋鸡。商品代可以自别雌雄，鸡绒毛白色。母雏在头的前端与喙连接处有浅褐色绒毛，公雏则无。该鸡产蛋率高，体型小，饲料转化率高，但对环境条件要求高，易受刺激而惊群，抗寒性能较差。商品代鸡20周龄体重1 400～1 550g，72周龄时为1 810～2 040g，入舍鸡72周龄产蛋270～290枚，平均蛋重60g，产蛋期平均每只鸡日采食量115g，产蛋期存活率为92%～95%。

（二）罗曼粉壳蛋鸡

罗曼粉壳蛋鸡是德国罗曼家禽育种有限公司培育的粉壳蛋鸡配套系。我国是在1983年开始引进，随后便在全国逐渐推广开来。商品鸡20周龄体重1 400～1 500g，1～20周龄耗料7.3～7.8kg，成活率97%～98%；开产日龄140～150d，高峰产蛋率92%～95%；72周龄入舍母鸡产蛋300～310枚，总蛋重19.0～20.0kg，蛋重63.0～64.0g，体重1 800～2 000g；21～72周龄日耗料110～118g/只，料蛋比（2.1～2.2）：1，成活率94%～96%。

（三）海兰灰蛋鸡

海兰灰蛋鸡是美国海兰国际公司培育的粉壳蛋鸡配套系，羽毛从灰白色至红色，间杂黑斑，皮肤黄色。商品鸡18周龄平均体重1450g，1～18周龄耗料6.1kg/只，成活率98%；平均开产日龄151d，高峰产蛋率94%；74周龄入舍母鸡平均产蛋305枚，总蛋重19.2kg，平均蛋重62g，70周龄平均体重1 980g；21～74周龄成活率93%。

（四）B-4粉壳蛋鸡

B-4粉壳蛋鸡是由中国农业科学院北京畜牧兽医研究所以星杂444为素材育成的两系配套杂交鸡。父系为洛岛红品种，母系为白来航品种。该杂交鸡羽色灰白带有褐色或黑色羽斑，其生产性能随机抽样测定结果为：0~20周龄育成率93.4%；开产体重1 780g；165日龄达50%产蛋率，72周龄产蛋254.3个，平均蛋重59.6g，总蛋重15.16kg，料蛋比2.75：1；产蛋期末存活率82.9%。近年来的实践证明，B-4鸡以抗病力强、适应性好、高产等表现而著称，饲养数量不断增加，覆盖面越来越大。羽速自别雌雄的B-4杂交鸡已于1995年问世，该品种商品鸡0~20周龄育成率96%，155d达50%产蛋率，25周龄进入80%以上产蛋高峰期，其最高产蛋率96.3%，72周龄饲养日产蛋276.7个，平均产蛋率76%，平均蛋重60.7g，总蛋重16.8kg，蛋料比1：2.51，产蛋期末体重1 720g，存活率87.7%。新型B-4鸡已取代了原来的B-4鸡。

（五）京白939粉壳蛋鸡

京白939粉壳蛋鸡是北京市种禽公司的科研人员从1993—1994年进行选育的粉壳蛋鸡配套系。父本为褐壳蛋鸡，母本为白壳蛋鸡。杂交商品鸡可羽速自别雌雄，0~6周成活率98%~99%，7~20周成活率97%~99%，18周龄体重1 350~1 400g，20周龄体重1 450~1 550g，50%开产日龄155~160d，进入高峰期周龄24~25周，进入高峰期周龄产蛋率96.5%，高峰期持续80%以上产蛋率31~35周，90%以上11~13周。入舍鸡产蛋数270~180枚，饲养日产蛋数290~300枚，入舍鸡总蛋重16.74~17.36kg，饲养日总蛋重17.98~18.60kg，21~72周料蛋比（2.30~2.35）：1，40周体重1 700~1 750g，72周龄存活率

91%~94%。

(六) 新杨粉壳蛋鸡

新杨粉壳蛋鸡配壳套系是由国家家禽工程技术研究中心主持选育的蛋鸡新配套系。该配套系是在新杨家禽育种中心原种鸡场纯系蛋鸡品系资源的基础上，运用数量遗传学和分子数量遗传学的理论，借助常规育种技术和现代育种新技术相结合的育种方法，以国内蛋鸡优良品种的市场需求为导向，经过3年时间选育而成的蛋鸡新配套系。该鸡种特点为红色单冠花羽产粉壳蛋。新杨粉壳蛋鸡商品代18周龄体重1.59kg，产蛋期（至80周）50%产蛋率的日龄143~150d，入舍鸡至60周龄产蛋数249枚，至74周龄产蛋数298枚，至74周龄蛋重18.6kg，饲养日产蛋数至60周龄产蛋数259枚，至74周龄产蛋数310枚，至74周龄成活率92%，平均蛋重63.3g，平均日耗料112g/只，料蛋比2.15∶1。

四、绿壳蛋鸡

绿壳蛋鸡是一种产绿颜色蛋壳为的鸡种，其特征为五黑一绿，即黑毛、黑皮、黑肉、黑骨、黑内脏，更为奇特的是所产蛋绿色，集天然黑色食品和绿色食品为一体。该鸡种抗病力强，适应性广，喜食青草菜叶，饲养管理、防疫灭病和普通家鸡没有区别。绿壳蛋鸡体形较小，结实紧凑，行动敏捷，匀称秀丽，性成熟较早，产蛋量较高。目前，我国饲养较多的优良绿壳蛋鸡品种主要有以下几种。

(一) 东乡黑羽绿壳蛋鸡

该鸡由江西省东乡县农科所和江西省农业科学院畜牧兽医研究所培育而成。体型较小，产蛋性能较高，适应性强，羽毛全黑、乌皮、乌骨、乌肉、乌内脏，喙、趾均为黑色。母鸡羽毛紧凑，单冠直立，冠齿 5~6 个，眼大有神，大部分耳叶呈浅绿色，肉垂深而薄，羽毛片状，胫细而短，成年体重 1 100~1 400g。公鸡雄健，鸣叫有力，单冠直立，暗紫色，冠齿 7~8 个，耳叶紫红色，颈羽、尾羽泛绿光且上翘，体重 1 400~1 600g，体型呈"V"形。大群饲养的商品代，绿壳蛋比率为 80%左右。该品种抱窝性较强（15%左右），因而产蛋率较低。145~155 日龄开产，开产体重 900~1 050g，500 日龄产蛋量 152 枚左右，平均蛋重 48~50g。

（二）新杨绿壳蛋鸡

新杨绿壳蛋鸡由上海新杨家禽育种中心培育。父系来自于我国经过高度选育的地方品种，母系来自国外引进的高产白壳或粉壳蛋鸡，经配合力测定后杂交培育而成，以重点突出产蛋性能为主要育种目标。商品代母鸡羽毛白色，但多数鸡身上带有黑斑；单冠，冠、耳叶多数为红色，少数黑色；60%左右的母鸡青脚、青喙，其余为黄脚、黄喙；开产日龄 140d（产蛋率 5%），产蛋率达 50%的日龄为 162d；开产体重 1 000~1 100g，500 日龄入舍母鸡产蛋量达 230 枚，平均蛋重 50g，蛋壳颜色基本一致，大群饲养鸡群绿壳蛋比率 70%~75%。

（三）三凤绿壳蛋鸡

三凤绿壳蛋鸡由江苏省家禽研究所（现中国农业科学院家禽研究所）选育而成。有黄羽、黑羽两个品系，其血缘均来自于我国的地方品种，单冠、黄喙、黄腿、耳叶红色。开产日龄 155~160d，开产体重母鸡 1 250g，公鸡 1 500g；300 日龄平均蛋重 45g，500 日龄产蛋量 180~185 枚，父母代鸡群绿壳蛋比率 97%左右；大群商品代鸡群中绿壳蛋比率 93%~95%。成年公鸡体重

1 850～1 900g，母鸡1 500～1 600g。

（四）三益绿壳蛋鸡

三益绿壳蛋鸡由武汉市东湖区三益家禽育种有限公司杂交培育而成，其最新的配套组合为东乡黑羽绿壳蛋鸡公鸡做父本，国外引进的粉壳蛋鸡做母本，进行配套杂交。商品代鸡群中麻羽、黄羽、黑羽基本上各占1/3，可利用快慢羽鉴别法进行雌雄鉴别。母鸡单冠、耳叶红色、青腿、青喙、黄皮；开产日龄150～155d，开产体重1 250g，300日龄平均蛋重50～52g，500日龄产蛋量210枚，绿壳蛋比率85%～90%，成年母鸡体重1 500g。

（五）昌系绿壳蛋鸡

昌系绿壳蛋鸡原产于江西省南昌县。该鸡种体型矮小，羽毛紧凑，未经选育的鸡群毛色杂乱，大致可分为4种类型：白羽型、黑羽型（全身羽毛除颈部有红色羽圈外，均为黑色）、麻羽型（麻色有大麻和小麻）、黄羽型（同时具有黄肤、黄脚）。头细小，单冠红色；喙短稍弯，呈黄色。体重较小，成年公鸡体重1 300～1 450g，成年母鸡体重1 050～1 450g，部分鸡有胫毛。开产日龄较晚，大群饲养平均为182d，开产体重1 250g，开产平均蛋重38.8g，500日龄产蛋量89.4枚，平均蛋重51.3g，就巢率10%左右。

（六）卢氏绿壳蛋鸡

卢氏绿壳蛋鸡是比较古老的地方优良品种，属片羽型非乌骨系绿壳蛋品系。具有耐粗饲、抗病力强、个体轻巧、产蛋多、耐贮藏、蛋肉品质好等优点而闻名，受到国内养禽专家的度重视。卢氏鸡属小型蛋肉兼用型品种。体形结实紧凑，后躯发育良好，羽毛紧贴，体态匀称秀丽，头小而清秀，眼大而圆，颈细长，背平直，翅紧贴，尾翘起，腿较长，性情活泼，反应灵敏，善飞。

母鸡毛色以麻黄、红黄、黑麻为主，有少量纯白和纯黑，纯黄极为少见。公鸡以红黑羽色为主。冠型以单冠为多，占 81.5%，喙、胫以青色为主。卢氏绿壳蛋鸡年产蛋 180 枚左右，平均蛋重 50.67g，蛋形为椭圆形，蛋壳颜色青绿色，最早开产日龄为 120d 左右，母鸡开产体重为 1 170g，开产蛋重为 44g，公鸡开啼日龄为 56d，体重 660g。

五、我国优秀的蛋用地方鸡品种

(一) 仙居鸡

原产浙江仙居、临海等地，故称仙居鸡（图 2 - 1）。单冠，颈部细长，背部平直，尾羽高翘，羽毛紧密。公鸡羽毛黄色或红色，体重约 1.5kg，母鸡羽毛多为黄色，少有黑色或花色的，体重约 1kg。体型虽小，但很结实。性情活泼，觅食能力极强。

图 2 - 1 仙居鸡

一般农家饲养的母鸡开产日龄约 180d，但在饲养场及农家饲养条件较好的情况下，约 150 日龄开产，甚至有更早者。因此，仙居鸡是较早熟的地方鸡种，但过早开产往往蛋重较轻。在一般饲养管理条件下，年产蛋量为 160～180 个，高者可达 200 个以上。平均蛋重为 42g 左右。壳色以浅褐色为主。因体小而灵活，配种能力较强，可按公母 1:（16～20）配种。据对入孵 17180 个种蛋的测定，受精率为 94.3%，受精蛋孵化率为 83.5%。就巢性较弱。一般就巢母鸡占鸡群的 10%～20%，多发生在 4～5 月；江苏省家禽科学研究所选育的鸡群就巢率已降至 5% 以下。育雏率较高，1 月龄育雏成活率为 96.5%。

（二）白耳黄鸡

白耳黄鸡又名白耳银鸡、江山白耳鸡、上饶地区白耳鸡（图 2－2）。主产于江西上饶地区广丰、上饶、玉山三县和浙江的江山市。白耳黄鸡为我国稀有的白耳蛋用早熟鸡品种。白耳黄鸡以"三黄一白"的外貌特征为标准，即黄羽、黄喙、黄脚，白耳，耳叶大，呈银白色，似白桃花瓣，虹彩金黄色，喙略弯，呈黄色或灰黄色，全身羽毛呈黄色，单冠直立，公母鸡的皮肤和胫部呈黄色，无胫羽。初生重平均为 37g，开产日龄平均为 150d，年产蛋 180 枚，蛋重为 54g，蛋壳深褐色，壳厚 0.34～0.38mm，蛋形指数 1.35～1.38。公鸡约 110～130 日龄开啼。母鸡就巢性弱，在鸡群中仅 15.4% 的母鸡表现有就巢性，且就巢时间短，长的 20d、短的 7～8d。雏鸡成活率高，30 日龄为 96.4%，60 日龄为 95.24%，90 日龄为 94.04%。

第二节　蛋鸡品种的选择

我国蛋鸡品种资源十分丰富，有从国外引进的优良品种，有

白耳黄鸡——公

白耳黄鸡——母

图2－2 白耳黄鸡

国内培育的优良品种，还有对环境适应性较强的地方品种。不同的品种，其生产性能、鸡蛋品质、对环境的适应性以及对饲养管理的要求等有一定的差异。适度规模蛋鸡场应根据自身情况，选养合适的蛋鸡品种。

一、目标市场的需求情况

蛋鸡的主产品是鸡蛋，在市场经济条件下，生产者只有根据目标市场对鸡蛋的需求情况来进行生产，才能获得较好的效益。由于消费习惯不同，有些地区喜好白壳蛋，有些地区喜好褐壳蛋，而有些地区喜好粉壳蛋，导致价格和销售量的差异。因此，应根据本地消费习惯来选择不同类型的品种。如果本地饲养蛋鸡数量较多，蛋品外销，选择褐壳蛋鸡品种较好，因为褐壳蛋鸡的蛋壳质量好，适宜运输。粉壳蛋鸡的蛋壳质量也好，但喜好粉壳蛋的区域很小，外销量有限，不能盲目大量饲养。小鸡蛋受欢迎的地区或鸡蛋以枚计价销售的地区，选择体型小、蛋重小的鸡种；以重量计价或喜欢大鸡蛋的地区，选择蛋重大的鸡种。淘汰鸡价格高或喜欢大型淘汰鸡的地区，选择褐壳蛋鸡更有效益。

二、自身的饲养管理条件

鸡场规划、布局科学，隔离条件好，鸡舍设计合理，环境控制能力强的条件下，可以选择产蛋性状特别突出的品种，因为良好稳定的环境可以保证高产鸡的性能发挥。炎热地区饲养体型小的蛋鸡品种，有利于降低热应激对生产的不良影响。因为体型小的鸡种产热量少，抗热应激能力强；寒冷地区选择体型大的褐壳蛋鸡品种，有利于降低冷应激对生产的不良影响。如果鸡场环境不安静，噪声大，应激因素多的情况下，应选择褐壳蛋鸡品种，因为褐壳蛋鸡性情温顺，适应力强，对应激敏感性低。如果饲养经验不丰富，饲养管理技术水平低，最好选择易于饲养管理的褐壳或粉壳蛋鸡品种。饲料原料缺乏，饲料价格高的地区宜养体重小而产蛋性能好，饲料转化率较高的鸡种。具有良好的放牧条件，目标市场对优质鸡蛋和鸡肉的需求大且价格高的话，宜选择适宜放养的优质蛋用地方鸡品种。

三、种鸡场的管理水平

无论选购什么样的鸡种，必须到规模大、技术力量强、有种禽生产经营许可证、管理规范、信誉好的种鸡场购买种蛋或雏鸡。否则，即使购买的高产配套系品种，也不一定能充分发挥它的遗传潜力，生产性能不可能有好的表现。

一是要选择有实力的公司或种鸡场。现在主要蛋鸡品种绝大部分集中在几家大的育种公司那里。比如，德国罗曼集团（拥有罗曼、海兰及尼克3家公司）、法国哈宝德、伊莎集团（拥有伊莎、雪弗、巴布考克及哈宝德4家公司）、荷兰汉德克斯集团（拥有海赛、宝万斯和迪卡3家公司）。这3家育种公司的良种蛋鸡在我国都有分布，生产性能都很好，也是我国大部分蛋鸡养殖户饲养的品种。选择养殖引进品种的时候从这3家公司的品种里挑选较为可靠。我国的育种公司主要有华都集团、中国农业大学种禽有限公司、河北大午农牧集团种禽有限公司、上海家禽育种有限公司等4家较大的育种公司，其中华都集团的京红1号和京粉1号，中国农业大学种禽公司的"农大3号"小型蛋鸡表现都非常好，培养的蛋鸡品种市场份额渐渐扩大，发展势头非常好。

二是要选择信誉良好的企业。大家都说好的品种，是经过较长一段时间一点点积累起来的反馈信息，说明这个品种能够满足品种的特点和养殖场的要求。

三是要选择售后服务好的企业。养殖者不可能是专家，难免在生产上遇到问题，需要有懂行的人来解答，而售后服务就应该担当这个角色。要以养殖场（户）为中心，售后服务既要全面介绍养殖品种的特点、饲养管理要求以及注意事项，还要提醒养殖户到什么阶段、什么时间应该做什么和怎么做等。随时解答养殖场（户）在生产中遇到的难题。这样的企业才是正规合格的企业，才是养殖场可以信赖的企业。

第三章

蛋鸡的繁殖与孵化

第一节　蛋鸡的繁殖

一、种鸡的配种年龄和使用年限

根据种公鸡生殖细胞的发育规律，一般种公鸡 20 周龄左右达到性成熟，但 22 周龄以后配种，才能得到较高的种蛋受精率。所以种公鸡一般从 22 周龄用于配种，可一直使用到 72 周龄。育种用公鸡一般可使用 3 年。

根据母鸡的产蛋规律，母鸡的产蛋量随年龄增加而下降，第一年产蛋量最高，第二年比第一年下降 15% ~ 20%，第三年下降 30% 左右。一般种鸡场为了取得较高的经济效益，种母鸡从 26 周龄编群、配种、收集种蛋，再养 48 周淘汰。育种用优秀母鸡一般可以使用 2 ~ 3 年。

二、公母比例

在自然交配的鸡群中，公母比例直接影响种蛋的受精率。比较理想的公母比是：轻型蛋鸡为 1 ：（12 ~ 15）；中型蛋鸡为 1 ：（10 ~ 12）；重型蛋鸡为 1 ：（8 ~ 10）。

采用人工授精时，一般一只公鸡可负担 30 ~ 50 只母鸡配种，既可充分发挥优良种公鸡的作用，又可提高种公鸡的利用率。

三、蛋鸡的人工授精技术

(一) 人工授精的优越性

①可将公母比从 1：10 左右提高到 1：(30 ~ 50)，大大减少种公鸡的饲养量，降低饲养成本。

②可通过精液品质评定，淘汰性机能差的公鸡，提高优秀种公鸡的利用率。

③可以克服公母鸡个体体重差异、品种间差异和笼养种母鸡自然交配困难等问题，提高种蛋受精率和孵化率。

④避免因公母鸡直接接触而传播传染病。

⑤使用冷冻精液，可使种公鸡的利用不受生命限制。

(二) 人工授精种鸡的选择

用于人工授精的种公鸡要完全符合本品种的体型外貌特征，发育良好，体态健壮，双亲生产性能高，健康无病。在 180 日龄要对种鸡进行按摩调教，每 30 只母鸡选留 1 只公鸡，并留有 10% ~ 15% 的后备种公鸡。选留下来的种公鸡要求头高昂，鸣叫雄壮有力，腹部柔软，采精按摩时肛门能外翻，泄殖腔大而宽松，条件反射灵敏，交配器能勃起，并能射出良好的精液。种母鸡要求健康无病，生长发育良好，泄殖腔宽松湿润，体型紧凑，生殖系统没有炎症。

(三) 人工授精技术流程

1. 采精

(1) 做好采精前的准备工作　对于选留的种公鸡，在采精前 1 ~ 2 周应隔离、单笼饲养。在人工授精前 1 周左右每天 1 次或隔天1次开始采精训练，一旦训练成功，坚持隔天采精。为了防止污染精液，在采精前应剪掉泄殖腔周围约1cm的羽毛，公鸡采精前3~4h应停水、停料，所有采精用具，都应清洗、消毒、烘干。

（2）人工授精器具的准备 见表3-1。

表3-1 家禽人工授精常用器具

名称	规格	用途
集精杯	如图3-1	收集精液
刻度吸管	0.05~0.5ml，如图3-2	输精
保温瓶（杯）	小、中型	精液保温
刻度试管	5~10ml	贮存精液
消毒盒	大号	消毒采精、输精用具
注射器	20ml	吸取蒸馏水和稀释液
温度计	100℃	测水温用
显微镜	400~1250倍	检查精液品质
载玻片、血球计数板	—	检查精液品质
干燥箱	小、中型	烘干用具
冰箱	小型低温	短期贮存精液用
分析天平	感量0.001g	称量试剂药品

（3）采精方法 按摩采精（双人法，即一人保定，一人采精）。

①公鸡的保定。保定员将公鸡挟于左腋下，鸡头向后，保持身体水平，泄殖腔朝向采精员，双手各握住鸡的双腿，使其自然分开，拇指扣住翅膀，呈自然交配姿势。

②按摩与收集精液。采精员用右手中指与无名指夹住集精杯，杯口朝外（图3-1）。左手四指合拢与拇指分开，掌心向下，紧贴公鸡腰部两侧向后轻轻滑动，按摩至尾脂区，反复数次。同时右手的大拇指与食指在腹部做轻快抖动的触摸动作。当公鸡尾

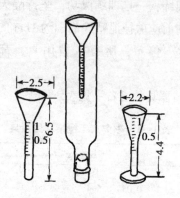

图3-1 鸡的集精杯（单位：cm）

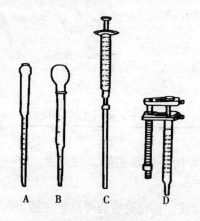

图3-2 鸡的输精器

A、B. 有刻度的玻璃滴管

C. 前端连接无毒素塑料管的1ml玻璃注射器

D. 可调节连续定量输精器

部上翘，泄殖腔外翻露出交配器时，左手拇指与食指立即跨捏于泄殖腔两侧，轻轻挤压，公鸡立即射精，右手迅速用集精杯口贴于泄殖腔下缘接收精液。如果精液过少，可重复上述动作采精，但要防止过多透明液甚至粪便排入集精杯内。一只公鸡每次采集量一般为 0.4~1ml，采集到的精液倒入保温瓶中的贮精管中以备输精（图 3-2）。

种公鸡一般隔日采精一次为宜，在配种季节也可每天采精一次，连续采精 5d 休息 1d。同时注意营养平衡，确保精液数量和质量。采精时最好固定人员，以利种公鸡形成条件反射，有利于采精。还应注意动作要轻，不要伤害公鸡，不污染精液。

2. 精液的处理

（1）精液的品质评定

①外观检查。包括精液的颜色、黏稠度和污染程度。正常公鸡的精液呈乳白色不透明的黏稠液体。被粪便污染的精液呈黄褐色；混有血液的精液呈粉红色；被尿酸盐污染时呈白色棉絮状；透明液过多的精液稀薄清亮。

②精液量和密度检查。家禽的射精量因禽种、品种、个体、年龄、季节、采精技术不同而有差异。公鸡的一次射精量为 0.4~1.0ml，精子密度为 25 亿~40 亿/ml。

③精子活力检查。取精液及生理盐水各 1 滴于载玻片上混匀，加上盖玻片。在 37℃ 下置于 200~400 倍的显微镜下观察精子的活力。以直线前进运动的精子占总精子的比例评定等级。精子活力一般以 10 级 1 分制评定。如直线前进运动的精子占总精子数的 90%，则评为 0.9 分，直线前进运动的精子占总精子数的 80%，则评为 0.8 分，以此类推。在观察时要注意将原地转圈、倒退或原地抖动的精子与直线运动精子的区别。

④精子畸形率检查。家禽的正常精子呈柳叶状，头部连接着细长的尾部，沿直线波浪前进。畸形精子是指头、体、尾的形态

变异，头部畸形有巨大头、无定形、双头等；体部畸形有体部粗大、折裂、不完整等；尾部畸形有卷尾、双尾、缺尾等。家禽的畸形精子以尾部畸形居多，如尾巴盘绕、折断和无尾等。精子畸形率是指畸形精子占总精子数的百分比。正常公鸡精液的精子畸形率为 5% ~ 10%。

（2）精液的稀释与保存

①精液的稀释。精液的稀释是指在精液里加入一些配制好的适于精子存活并保持受精能力的溶液。精液稀释后可以扩大精液量，提高与配母鸡的数量，提高种公鸡的利用率，同时，便于精液的保存和运输。

采精后，将精液和稀释液放入 30 ~ 35℃ 保温瓶中，使精液和稀释液温度相近或接近。稀释时，将稀释液沿着装有精液的试管壁缓慢加入，轻轻转动，均匀混合。根据精液品质和稀释液的质量确定稀释倍数，通常以 1 ~ 4 倍为宜。

②精液的保存。常温保存：在 18 ~ 20℃，保存时间不超过 1h。常用生理盐水（0.9% 氯化钠）作为稀释剂，稀释倍数为 1 : 1。

低温保存：保存温度为 0 ~ 5℃，使精子处于休眠状态，保存时间为 5 ~ 24h。可采用缓冲溶液稀释，稀释倍数为 1 : （1 ~ 2），甚至 1 : （4 ~ 6）。稀释液 pH 值为 6.8 ~ 7.1。操作时，将精液稀释后先置于 30 ~ 35℃ 保温瓶中，再放入 2 ~ 5℃ 的冰箱中，使其缓慢降温。低温保存常用精液稀释液见表 3 - 2。

表 3 - 2　家禽精液常用稀释液参考配方　　　　单位：g

成分	Lake 液	pH 值 7.1 Lake 缓冲液	pH 值 6.8 Lake 缓冲液	BPSE 液
葡萄糖		0.60	0.60	
果糖	1.00			0.5

（续表）

成分	Lake 液	pH 值 7.1 Lake 缓冲液	pH 值 6.8 Lake 缓冲液	BPSE 液
谷氨酸钠（H_2O）	1.920	1.520	1.320	0.867
氯化镁（$6H_2O$）	0.068			0.034
醋酸镁（$4H_2O$）		0.080	0.080	
醋酸钠（$3H_2O$）	0.857			0.430
柠檬酸钾	0.128	0.128	0.128	0.064
1N NaOH/ml		5.8	9.0	
BES		3.050		
MES			2.440	
磷酸二氢钾				0.065
磷酸氢二钾				1.270
N－三（羟甲基）－2 氨基乙磺酸				0.195

3. 输精

（1）输精方法（阴道输精法）　由 3 人一组进行操作效率较高，翻肛人员站在两端，轮流抓鸡翻肛，输精员站在中间来回输精。操作时翻肛人员用一只手抓鸡的双腿，鸡头向下，肛门向上，拉至笼边，另一只手的拇指和食指横跨泄殖腔上下两侧，施巧力按压泄殖腔，则泄殖腔外翻，露出阴道口。此时，输精员将输精管插入阴道 2~3cm 深处，注入精液。输精时两人应密切配合，在输精管插入阴道内输精的同时，翻肛人员快速松手，解除对母鸡腹部的压力，才可成功输入精液。

（2）输精量、时间及次数　采用原精液精时，通常用量为 0.025~0.3ml，稀释精液则需 0.05ml，含有效精子约 1 亿个，第一次输精剂量宜加倍。输精一般在下午 3 点以后开始，此时鸡群产蛋基本结束，受精率可达 90% 以上。产蛋盛期的母鸡，以间隔

4～5d 输精一次为宜。

(四) 鸡人工授精注意事项

1. 严格无菌操作

于采精前将集精杯、贮精管、输精器等用清水洗涤干净，消毒、烘干备用。母鸡泄殖腔周围的羽毛应剪去并消毒后方可输精。

2. 固定操作人员

采精人员相对固定，可使公鸡建立条件反射，有利于精液采出；输精人员相对固定，操作方法娴熟，可做到迅速、足量、准确地输精，既可减少鸡群应激，又能提高工作效率，确保种蛋受精率。

3. 快速操作

精液收集后，需置于 35～40℃ 的温水中暂存，输精一定要在 30min 内完成。

4. 注意种公鸡的营养

在采精季节，加强种公鸡的饲养管理，提供全价日粮以满足营养需要，提供适宜光照（每天 14～16h），确保精液质量和数量。

第二节　种蛋的孵化

一、孵化场的建筑要求及设备

(一) 孵化场的建筑要求

孵化场的墙壁、地面和天花板应选用防火、防潮和便于冲洗且耐腐蚀的材料，墙壁采用混凝土磨面，用防水涂料将表面涂光滑。地面至天花板高约 3.4 ~ 3.8m，天花板的材料最好用防水的压制木板或金属板，天花板上面使用隔热材料。门高 2.4m 以上，宽 1.5m 以上，以利于种蛋等的运输。门的密封性能要好。地面要求平整光滑，以利于种蛋输送和冲洗，并设下水道。屋顶应铺保温材料，这样天花板上不至于出现凝水现象。孵化器安装位置，以不影响孵化器布局及操作管理。孵化室与出雏室之间，应设缓冲间，既便于孵化操作又利于卫生防疫。另外，孵化厂必须安装通风换气系统，目的是供给氧气，排除废气和驱散余热，保持室温在 25℃。

（二）孵化场的主要设备

1. 孵化机

孵化机有多种类型，一般可分为平面孵化机和立体孵化机两大类。其中平面孵化机又有单层和多层之分，多采用电热管供温、棒状双金属片或水银电接点温度计等自动控温，也设有自动转蛋装置和匀温风扇。此类型孵化机孵化量少，现一般在珍禽种蛋的孵化或教学科研上使用。立体孵化机根据箱体结构可分箱式孵化机和巷道式孵化机两类。

（1）箱式孵化机 根据蛋架结构又可分为蛋盘架式（图 3 - 3）和蛋架车式（图 3 - 4）2 种。蛋盘架式的蛋盘架固定在箱内不能移动，入孵和操作不太方便。目前，多采用蛋架车式电孵箱，蛋架车可以直接到蛋库装蛋，消毒后推入孵化机，减少了种蛋装卸次数。

（2）巷道式孵化机（图 3 - 5） 由多台箱式孵化机组合连体拼装，配备有空气搅拌和导热系统，容蛋量一般在 7 万枚以上。使用时将种蛋码盘放在蛋架车上，经消毒、预热后按一定轨

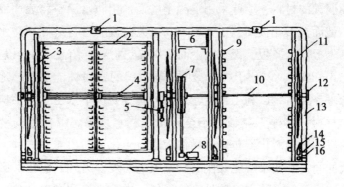

图 3 - 3　蛋盘架式孵化机

1. 空气调节器　2. 承蛋盘架　3. 支架　4. 中心管　5. 转蛋蜗

6. 水箱　7. 皮带轮　8. 电动机　9. 蛋盘滑轨　10. 轴　11. 均温叶板

12. 轴承　13. 机体　14. 电热器　15. 水分蒸发器　16. 预热器

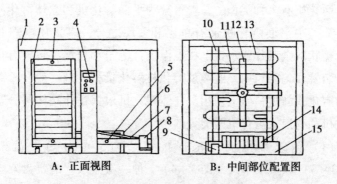

A：正面视图　　　　　**B：中间部位配置图**

图 3 - 4　蛋架车式孵化机

1. 箱体　2. 蛋架车　3. 销钉　4. 控制面板　5. 销孔　6. 双摆杆机构

7. 曲柄连杆机构　8. 减速机　9. 泵　10. 支架　11. 加热器

12. 风扇　13. 冷却器　14. 加湿器　15. 水箱

道逐一推进巷道内，18d 后转入出雏机。机内新鲜空气由进气口吸入，经加热加湿后从上部的风道由多个高速风机吹到对面的门上，大部分气体被反射下去进入巷道，通过蛋架车后又返回进气室。这种循环充分利用胚蛋的代谢热，箱内没有死角，温度均匀，所以较其他类型的孵化机省电，并且孵化效果好。

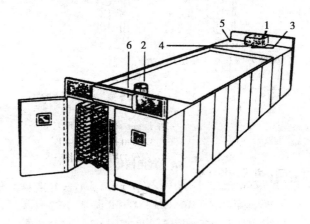

图 3 – 5 巷道式孵化机

1. 进气孔 2. 出气孔 3. 冷却水入口 4. 供温孔 5. 压缩空气 6. 电控部分

2. 照蛋器

用照蛋器的灯光透视胚胎的发育情况，是检查孵化效果的有效方法之一，常用照蛋器见图 3 – 6。

3. 种蛋运输设备

为了尽量减少蛋箱、蛋盘和雏鸡等的搬运，提高工作效率，孵化场要配备一些运输设备，常用的有四轮车、半升降车、集蛋盘、输送机等。

4. 种蛋分级设备

按种蛋大小分级进行孵化可以提高孵化效果，大型孵化场在种蛋入孵前常进行分级。常用真空吸蛋器、移蛋器和种蛋分级器等设备。

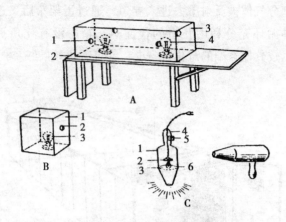

图3－6 常用照蛋器

A. 四人照蛋箱 1. 照蛋孔 2. 照蛋桌 3. 密缝照蛋箱 4. 100W 灯泡

B. 单人照蛋箱 1. 密缝照蛋箱 2. 照蛋孔 3. 100W 灯泡

C. 照蛋灯 1. 铁皮外壳 2. 手电筒灯座 3. 8～12V 电源

4. 木柄 5. 推式开关 6. 手电筒反光碗

二、种蛋管理

(一) 种蛋的选择

1. 种蛋的质量标准

(1) 种蛋的来源 种蛋应来源于遗传性能稳定、生产性能优良、公母比例恰当的健康种鸡群。

(2) 种蛋的形状与大小 种蛋的外形和大小要符合本品种标准，过大或过小的蛋不宜作种蛋。正常外形的蛋为椭圆形，过长、过短或过圆的蛋不宜作种蛋。鸡的种蛋一般以 50～65g 为宜。

(3) 蛋壳的质地与色泽 种蛋的蛋壳要求致密均匀，厚薄适度，无裂缝。壳面粗糙的"沙皮蛋"、蛋壳过厚的"钢皮蛋"，以及薄壳蛋、裂纹蛋等都不能作为种蛋。蛋壳的颜色应该符合该品种（品系）的标准，如罗曼白蛋鸡的蛋壳为白色；伊莎褐蛋鸡的蛋壳为褐色；雅康浅壳蛋鸡的蛋壳为粉色。

（4）蛋壳表面的清洁度　种蛋的壳面要清洁，被粪便、破蛋液、湿垫料等玷污的蛋都不能用来孵化。因为蛋壳表面的污物会堵塞蛋壳上的气孔，影响蛋内的气体交换，不利于胚胎发育，尤其是被污物污染后，细菌容易侵入，导致死胎增加、孵化率下降、雏禽质量降低。

（5）种蛋的内部品质　种蛋的内部品质通常用灯光透视或抽样剖视的方法检查。应选择气室小、系带和蛋黄完整、蛋内无异物（如血斑、肉斑）的蛋作为种蛋。

2. 种蛋的选择方法

（1）感官法　对种蛋的蛋形、大小、清洁程度等可用肉眼检查；裂纹蛋和破损蛋可通过轻轻碰撞发出的破裂音，将其剔出。

（2）透视法　对种蛋的蛋壳结构、气室大小和位置、血斑、肉斑等情况，采用照蛋器作检查，可更准确判断。

（3）抽样剖检法　通过抽样剖视，进一步判断种蛋的内部品质。

3. 种蛋选择次数和场所

一般情况下种蛋要进行两次选择：第一次在种鸡舍进行初选，主要是剔除破蛋、脏蛋和明显畸形的蛋；第二次是在入蛋库保存前或进孵化室之后进行，按种蛋质量标准剔除不适合孵化用的种蛋。

(二) 种蛋的消毒

种蛋自母鸡体内产出时是无菌的，但在进入孵化箱孵化的过程中易受污染，因此，这一过程中一般要经过两次消毒。第一次消毒是在种蛋收集后立即进行；第二次消毒是对经过储运的种蛋在入孵前进行消毒处理，以防止经过第一次消毒后的种蛋在储运过程中被重复污染。

种蛋消毒的方法很多，以甲醛熏蒸法较为方便而有效，是目前最常用的方法。即每立方米空间用福尔马林（40%甲醛溶液）28ml，高锰酸钾14g进行熏蒸消毒。称好高锰酸钾放入陶土容器内（其容积至少比福尔马林溶液大4倍），再将所需福尔马林溶液小心倒入陶瓷容器，二者相遇发生剧烈反应，可产生大量甲醛气体杀灭病源菌。密闭30min后排出余气。甲醛熏蒸要注意安全，防止药液溅到人身上和眼睛里，消毒人员最好戴防毒面具，防止甲醛气体吸入人体。

（三）种蛋的保存

1. 种蛋的保存期

不超过1周的种蛋孵化率较高，因此，种蛋保存期最好在3～5d。种蛋保存时间延长，孵化率会降低，孵化期也会延长。若保存时间超过1周，要求每天翻蛋1～2次。

2. 种蛋贮存库

种蛋贮存库要求隔热防潮性能好，清洁，无灰尘，无蚊蝇鼠害。有条件的孵化厂的蛋库可装上空调、自动制冷或加温的设施，以保持一定的温湿度。

（1）保存温度　由于鸡胚发育的临界温度是23.9℃，保存种蛋时超过这个温度，鸡胚就会开始发育，尽管发育程度有限，但细胞的代谢会加速鸡胚的衰老和死亡。保存温度也不能过低，若低于10℃，孵化率就受影响；低到0℃，种蛋就会因受冻而失去孵化能力。因此，种蛋保存最适宜的环境温度是15～18℃。若保存期在1周以内，以15～16℃为宜；保存期超过1周，则以12℃

左右为宜。

（2）贮存湿度 种蛋保存期间，蛋内的水分会通过蛋壳上的气孔不断向周围环境中蒸发。空气的相对湿度低，水分蒸发快，胚胎细胞易失水而丧失孵化能力；相对湿度过高，易导致种蛋内外暗藏的微生物萌发，种蛋易生霉。因此，种蛋库相对湿度一般要求在75%～80%。

（四）种蛋的运输

1. 种蛋的包装

为确保种蛋的质量，种蛋启运前应先包装完好。最好用特制的纸箱和蛋托包装种蛋。专用蛋箱可放5层10个蛋托（也有的可放6层12个蛋托），每个蛋托一般装30枚种蛋，每箱共放种蛋300枚（12个蛋托的可放360枚）。若无特制蛋托，可用黄板瓦楞纸做成方格，每格放一枚种蛋，层与层之间有黄板瓦楞纸隔开。

2. 种蛋的运输

运输种蛋要选择快速而平稳的运输工具，且要事先进行清洗和消毒。夏季运输时要注意避免阳光暴晒，防止雨淋；冬季运输时要注意保温，防止冻裂。

三、鸡的胚胎发育

鸡属卵生动物，其胚胎的发育过程分为体内阶段（即在蛋形成过程中的发育）和体外阶段（即蛋产出后在孵化条件下形成雏鸡的过程）两个阶段。

（一）胚胎在蛋形成过程中的发育

从卵细胞受精成为受精卵到蛋产出体外，需24～26h。在这段时间内，受精卵要经过多次卵裂及复杂的分化过程。第一次卵裂是在输卵管的峡部进行，时间是卵细胞受精后 3~5h；第二次卵裂在第一次卵裂 20min 后开始；第三次卵裂也在峡部进行，分裂为 8~16 个细胞，到子宫后 4~5h 细胞增至 256 个。胚胎从胚盘的明区开始发育形成两个不同的细胞层，外层叫外胚层，内层叫内胚层，胚胎形成两个胚层后，蛋即产出。蛋产出体外后，由于外界气温低于胚胎发育所需的临界温度，胚胎发育暂时处于停滞状态。

（二）胚胎在孵化过程中的发育

1. 鸡蛋的孵化期

鸡蛋的孵化期是指鸡胚胎在体外发育成雏鸡所需的时间。正常情况下，鸡蛋的孵化期为 21d。实际生产中，鸡蛋的孵化期会因影响因素的不同而略有差异。重型品种的出壳时间晚于轻型品种；蛋重和孵化时间相关；种蛋保存时间长，孵化期略延长；孵化温度偏高时孵化期缩短，孵化温度偏低时孵化期延长。在一般情况下，孵化期上下浮动 12h 左右。孵化期过长或过短都是不正常的，对孵化率和雏鸡品质都有不良影响。

2. 孵化期中的胚胎发育过程

在适宜的孵化条件下，经过母鸡体内发育后的胚胎继续发育，直至长成雏鸡破壳而出。

胚胎发育的外部特征　受精蛋入孵后，胚胎继续发育，很快形成中胚层，鸡胚的所有组织器官都是由内、外、中 3 个胚层发育形成的。外胚层形成皮肤、羽毛、喙、趾、眼、耳、神经系统以及口腔和泄殖腔的上皮等；内胚层形成消化器官和呼吸器官的上皮及内分泌腺体等；中胚层形成肌肉、生殖系统、排泄器官、循环系统和结缔组织等。

孵化过程中胚胎发育大致分为 4 个阶段。早期（1~4d）为内部器官发育阶段；中期（5~14d）为外部器官发育阶段；后期（15~20d）为鸡胚的生长阶段；最后（21d）为出壳阶段，雏鸡长成，破壳而出。下面以白来航鸡胚发育过程为例，介绍不同日龄胚胎的形态特征（图3-7）。

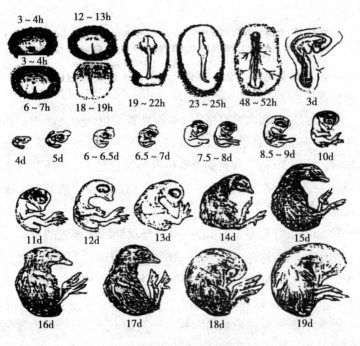

图3-7 鸡胚胎发育逐日解剖

第1d：胚盘直径7mm，胚重0.2mg。在胚盘明区形成原条，其前方为原结，原结前端为头突，头突发育形成脊索、神经管。中胚层的细胞沿着神经管的两侧，形成左右对称的呈正方形薄片的体节4~5对。中胚层进入暗区，在胚部的边缘出现许多红点，俗称"血岛"。

第2d：胚盘直径10mm，胚重3mg。卵黄囊、羊膜、绒毛膜开始形成。胚胎头部开始从胚盘分离出来。血岛合并形成血管。入孵25h，心脏开始形成，30～42h后，心脏开始跳动。可见到20～27对体节。照蛋时，可见卵黄囊血管区形似樱桃，俗称"樱桃珠"。

第3d：卵黄血管区面积增大，卵黄囊血管网内径达1cm，胚胎及其伸展的卵黄囊血管形似一只蚊子，俗称"蚊虫珠"。解剖胚长5.5mm，胚重20mg。胚胎头及眼大，眼色素开始沉着，颈甚短，四肢在3d末呈丘状突起。

第4d：气室较入孵时增大1/4；血管变粗，分支增加；胚胎及伸展的卵黄囊血管形似蜘蛛，俗称"小蜘蛛"。解剖胚长7.7mm，胚重50mg。卵黄囊血管包围的卵黄过1/3，胚胎与卵黄分离，头部显著增大，胚胎因其背部生长迅速而更加弯曲，肢芽长与宽相近。

第5d：血管分布蛋面1/3，可明显见到胚胎黑色的眼睛，俗称"黑眼"、"起珠"、"起眼"。解剖胚长10mm，胚重0.13g。生殖腺已性分化，可分公母，胚体极度弯曲，头尾几乎相接，指板及趾板上有指（趾）痕。

第6d：胚体呈"电话筒"状，一端是头部，另一端为弯曲增大的躯干部，称"双珠"。解剖胚长13.8mm，胚重0.29g。卵黄囊血管分布在卵黄表面1/2以上，胚体由弯曲转向伸直，喙原基出现，躯干部增大，翅、脚已可区分。身体与头相比一直很小，此时开始更快地发育。若打开蛋可见胚体运动，这也许是羊膜收缩的结果。腿与翅自发的运动始于11d左右。

第7d：胚长14.2mm，胚重0.57g。尿囊液急剧增加，上喙前端出现小白点形的破壳器——卵齿，口腔、鼻孔、肌胃形成。

胚胎已显示鸟类特征。胚胎自身有体温。照蛋时，胚在羊水中不容易看清。半个蛋表面布满血管。

第8d：胚长15mm，胚重1.15g。肋骨、肺、胃明显可辨，颈、背、四肢出现羽毛乳头突起，右侧卵巢开始退化。照蛋时，胚在羊水中浮游，背面两边蛋黄不易晃动，俗称"边口发硬"。

第9d：胚长20mm，胚重1.53g。喙开始角质化，软骨开始骨化，眼睑已达虹膜。解剖时，心、肝、胃、肾、肠已发育良好。尿囊几乎包围整个胚胎。照蛋时，可见卵黄两边易晃动，尿囊血管伸展越过卵黄囊，俗称"窜筋"。

第10d：胚长21mm，胚重2.26g。尿囊血管到达蛋的小头，整个背、颈、大腿都覆盖有羽毛突起。龙骨突形成。照蛋时，可见尿囊血管在蛋的大头合拢，除气室外，整个蛋布满血管，俗称"合拢"。

第11d：胚长25.4mm，胚重3.68g。背部出现绒毛，腺胃明显可辨，冠锯齿状。尿囊液达最大量。照蛋时，血管加粗，色加深。

第12d：胚长35.7mm，胚重5.07g。身躯覆盖绒毛，肾、肠开始有功能，喙开始吞食蛋白。

第13d：胚长43.5mm，胚重7.37g。头部和身体大部分覆盖绒毛，胫、趾出现角质鳞片原基，蛋白通过浆羊膜道迅速进入羊膜腔。眼睑达瞳孔。照蛋时，蛋小头发亮部分随胚龄增加而逐渐减少。

第14d：胚长47mm，胚重9.74g。胚胎全身覆盖绒毛，头向气室，胚胎开始改变为横着的位置，逐渐与蛋长轴平行。

第15d：蛋背面阴影已占1/2左右。解剖胚长58.3mm，胚重12g。喙长4.5mm，中趾长（14.9±0.8）mm。翅已完全成形，蹠、趾鳞片开始形成，眼睑合闭。

第16d：蛋背面阴影已占 2/3。解剖胚长 62mm，胚重 15.98g。喙长 4.8mm，中趾长（16.7±8）mm。冠及肉垂极为明显，蛋白几乎被吸收。

第17d：蛋背面阴影完全遮住了蛋的小头，以小头对准光源照蛋，小头再也看不到发亮部分，俗称"封门"；以大头对准光源，可见气室下缘鲜红的尿囊血管分布。解剖胚长 65mm，胚重 18.59g。喙长 5.0mm，中趾长（18.6±8）mm。羊水、尿囊液开始减少，躯干增大，脚、翅、颈变长，眼、头相应缩小，两腿紧抱头部，喙向气室。

第18d：气室斜向一侧，这是胚胎转身的缘故，俗称"斜口"、"转身"；气室下缘尿囊血管面积逐渐减小。解剖胚长 70mm，胚重 21.83g。喙长 5.7mm，中趾长（20.4±0.8）mm。头弯曲于右翼下，眼开始睁开。

第19d：气室内可见黑影闪动，俗称"闪毛"；气室下缘仍见有很小的尿囊血管面。解剖胚长 73mm，胚重 25.62g。大部分卵黄伴卵黄囊收缩而入腹腔，开始肺呼吸，可闻雏鸣叫。

第20d：胚长 80mm，胚重 30.21g，尿囊完全枯萎，血循环停止，剩余蛋黄与卵黄囊全部进入腹腔。第20d前 0.5d（19d又 18h）大批啄壳，开始破壳出雏。雏鸡啄壳时，首先用"破壳器"在近气室处敲一个圆的裂孔，而后沿着蛋的横径（近最大横径处）逆时针方向间断地敲打至约占横径2/3周长的裂缝，此时雏鸡用头颈顶撑，主要是以两脚用力蹬挣，破壳而出，20.5d 大量出壳。

第21d：胚重 35~37g，雏鸡孵出。

四、孵化条件和管理

(一) 孵化的条件

1. 温度

(1) 温度对胚胎发育的影响　温度是种蛋孵化的最重要因素，它决定着胚胎的生长、发育和生活力。只有在适宜的温度下才能保证胚胎的正常发育，温度过高或过低对胚胎的发育都有害。温度偏高则胚胎发育快，且胚胎较弱，如果温度超过42℃经过2~3h后就会造成胚胎死亡；温度较低则胚胎生长发育迟缓，如果温度低于24℃时经30h就会造成胚胎死亡。

(2) 温度的标准及控制　孵化温度的标准常与家禽的品种、蛋的大小、孵化室的环境、孵化机类型和孵化季节等有很大关系。如蛋用型鸡的孵化温度略低于肉用型鸡；气温高的季节低于气温低的季节等。一般情况下，鸡蛋的孵化温度保持在37.3℃（100°F）左右，单独出雏的出雏器温度保持在37.3℃（99°F）左右较为理想。

孵化温度的控制，实际生产中主要是"看胎施温"。所谓"看胎施温"，就是在不同孵化时期，根据胚胎发育的不同状态，给予最适宜的温度。在定期检查胚胎发育情况时，如发现胚胎发育过快，表示设定的温度偏高，应适当降温；如发现胚胎发育过慢，表示设定的温度偏低，应适当升温；胚胎发育符合标准，说明温度恰当。

(3) 电孵箱孵化的两种施温方案

①恒温孵化。就是在整个孵化过程中，孵化温度和出雏温度（比孵化温度略低）都保持不变。种蛋来源少或者高温季节，宜分批入孵并采用恒温孵化制度。因为室温过高如采用整批孵化

时，孵化到中、后期产生的代谢热势必过剩，而分批入孵能够利用代谢热作热源，既能减少自温超温，又可以节省能源。

②变温孵化。也称降温孵化，即在孵化过程中，随胚龄增加逐渐降低孵化温度。对于来源充足的种蛋，一般采用整批入孵，此时孵化器内胚蛋的胚龄都是相同的，可采用阶段性的变温孵化制度。因为胚胎自身产生的代谢热随着胚龄的增加而增加。因此，孵化前期温度应高些，中后期温度应低些。

种蛋的两种孵化施温参考方案见表3-3。

表3-3　鸡蛋的孵化温度 （单位：°F）

室温	孵化机内温度				出雏机内温度
	恒温（分批）	变温（整批）			
	1~17d	1~5d	6~12d	13~17d	18~20.5d
65	101	102	101	100	98.5 左右
75	100.5	101.5	100.5	99.5	
85	100	101	100	99	
90~95	99	100	99	98	

2. 湿度

（1）湿度对胚胎发育的影响　湿度也是重要的孵化条件，它对胚胎发育和破壳出雏有较大的影响。孵化湿度过低，蛋内水分蒸发过多，破坏胚胎正常的物质代谢，易发生胚胎与壳膜粘连，孵出的雏鸡个头小且干瘦；湿度过高，影响蛋内水分正常蒸发，同样破坏胚胎正常的物质代谢。当蛋内水分蒸发严重受阻时，胎膜及壳膜含水过多而妨碍胚胎的气体交换，影响胚胎的发育，孵出的雏鸡腹大，弱雏多。因此，湿度过高或过低都会对孵化率和雏鸡的体质产生不良影响。

（2）孵化湿度的标准及控制　孵化机内的湿度供给标准因孵化制度不同而不同，一般分批入孵时，孵化机内的相对湿度应保持在50%～60%，出雏器内为60%～70%。整批入孵时，应掌握"两头高、中间低"的原则，即在孵化初期（1～7d）相对湿度掌握在60%～65%，便于胚胎形成羊水、尿囊液；孵化中期（8～18d）相对湿度掌握在50%～55%，便于胚胎逐步排除羊水、尿囊液；出壳时（19～21d）相对湿度掌握在65%～70%，以防止绒毛与蛋壳粘连，有利于出雏。

3. 通风换气

（1）通风换气的作用　胚胎在发育过程中，需要不断吸入氧气，呼出二氧化碳。随着胚龄的增加，胚胎新陈代谢加强，其耗氧量和二氧化碳的排出量也随着增加，胚胎代谢过程中产生的热量也逐渐增多，特别是孵化后期，往往会出现"自温超温"现象，如果热量不能及时散出，将会严重影响胚胎正常生长发育，甚至积热致死。因此，通风换气既可以保持空气新鲜，又有助于驱散胚胎的余热，以利于胚胎正常发育。

（2）通风换气的控制　在正常通风条件下，要求孵化器内氧气含量不低于21%，二氧化碳含量控制在0.5%以下。否则，胚胎发育迟缓，产生畸形，死亡率升高，孵化率下降。因此，正确地控制好孵化器的通风，是提高孵化率的重要措施。

箱体上都有进、排气孔，孵化初期，可关闭进、排气孔，随着胚龄的增加，逐渐打开，到孵化后期进、排气孔全部打开，尽量增加通风换气量。

通风换气与温度和湿度有着密切的关系。通风不良，空气流通不畅，温差大、湿度大；通风过度，温度、湿度都难以保持，浪费能源。所以，通风应适度。

4. 翻蛋

翻蛋也称转蛋，就是改变种蛋的孵化位置和角度。翻蛋的目的首先是改变胚胎位置，防止胚胎与壳膜粘连；其次是使胚胎各部受热均匀，有利于胚胎的发育。翻蛋还有助于胚胎的运动，改善胎膜血液循环。正常孵化过程中，一般每隔 2h 翻蛋一次，每次翻蛋的角度以水平位置为准，前俯后仰各 45°，翻蛋时要做到轻、稳、慢，不要粗暴，以防止引起蛋黄膜和血管破裂，尿囊绒毛膜与蛋壳膜分离，死亡率增高。

5. 凉蛋

家禽胚胎发育到中期以后，由于物质代谢增强而产生大量生理热。因此，定时凉蛋有助于种蛋的散热，促进气体代谢，提高血液循环系统机能，增加胚胎调节体温的能力，因而有助于提高孵化率和雏鸡品质。传统孵化时需要凉蛋，采用自动化程度较高的孵化器有降温系统，用于孵化鸡蛋时一般不需要凉蛋。

(二) 孵化的管理

1. 孵化前的准备工作

孵化前根据具体情况先制订好孵化计划，安排好孵化进程。在正式孵化前 1~2 周要检修好孵化机，并对孵化室、孵化机进行清洗消毒，而后校对好温度计，试机运转 1~2d，无异常时方可入孵。

2. 上蛋操作

上蛋就是将种蛋码到蛋盘上，蛋盘装在蛋车上或蛋盘架上放入孵化机内准备孵化的过程。种蛋应在孵化前 12h 左右以钝端向上装入蛋盘中，并将蛋车或蛋盘架移入孵化室内进行预温。上蛋时间最好在 16:00 以后，这样大批出雏就可以在白天，工作比较方便。若实行分批孵化，一般鸡蛋 5~7d 上蛋一次。上蛋时，注意将不同批次的种蛋在蛋盘上作标记，放入孵化机时将不同批次种蛋交错放置，以利不同胚龄的种蛋相互调节温度，使孵化机内温度均匀。

3. 日常管理

（1）温度的观察　孵化过程中应随时注意孵化温度的变化，观察调节仪器的灵敏程度。一般每隔 1 ~ 2h 检查并记录一次孵化温度，遇有不稳定的情况应及时调整。

（2）湿度的观察　经常观察孵化机内的相对湿度。没有自动调湿装置的孵化机，要注意增减水盘及定时加水调节水位高低等，以调节孵化湿度。自动控湿的孵化机，要经常检查各控制装置工作是否正常以及水质是否良好。使用干湿球温度计测量相对湿度时，应经常清洗或更换湿球上包裹的纱布。

（3）通风系统的检查　定期检查孵化箱各进出气孔的开闭程度，经常观察风扇电机和皮带传动的情况。

（4）翻蛋操作的检查　自动翻蛋的孵化机，应对其传动机构、定时器、限位开关及翻蛋指示等定时进行检查，注意观察每次翻蛋的时间和角度，及时处理不按时翻蛋或翻蛋角度达不到要求的不正常情况。没有设置自动翻蛋系统的孵化机，需要定时手工翻蛋，每次翻蛋时动作要轻，并留意观察蛋盘架是否平稳，发现有异常的声响和蛋架抖动时都要立即停止操作，待查明原因故障排除后再行翻蛋。

4. 照蛋

使用照蛋器通过灯光透视胚胎发育情况，及时捡除无精蛋和死胚蛋。整个孵化期中通常要照蛋 2 ~ 3 次。第一次照蛋在入孵后 5 ~ 6d 进行，主要任务是捡出无精蛋和中死蛋，观察胚胎发育情况。第二次照蛋一般在孵化的第 18d 或第 19d 进行，其目的一方面是观察胚胎的发育情况，另一方面是剔除死胚蛋，为移盘或上摊床作准备。有时在孵化的第 10～11d 还抽检尿囊血管在蛋小头的合拢情况，以判定孵化温度的高低。

每次照蛋之前，应注意保持孵化室（或专用照蛋室）的温度在 25℃以上，防止照蛋时间长引起胚蛋受凉和孵化机内温度大幅度下降。照蛋操作力求稳、准、快，蛋盘放上蛋架车时一定要卡牢，防止翻蛋时蛋盘脱落。

照蛋时无精蛋、死胚、弱胚和健康胚的特征见图 3－8、图 3－9。

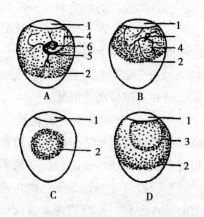

图 3－8　头照时各种蛋的表现

A. 正常蛋；B. 弱精蛋；C. 无精蛋；D. 死精蛋

1. 气室　2. 卵黄　3. 血圈　4. 血管　5. 胚胎　6. 眼睛

5. 移盘

就是将胚蛋从孵化机内移入出雏机内继续孵化，停止翻蛋，提高湿度，准备出雏。一般鸡蛋在孵化的第 18～19d 时进行。移盘的动作要轻、稳、快。

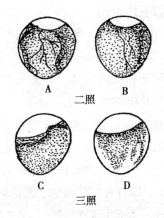

图 3 – 9 二照、三照时胚胎的变化

A、C. 正常胚胎；B. 弱胚；D. 死胚

6. 出雏及助产操作

鸡蛋孵化满 20d 即开始出雏。这时要及时将已出壳并干了毛的雏鸡和空蛋壳捡出，捡雏时要求动作轻、快，防止碰破胚蛋和伤害雏鸡。不要经常打开机门，防止机内温湿度下降过大而影响出雏。正常时间内出雏的，一般不进行助产，但在后期，要把内膜已橘黄或外露绒毛发干、在壳内无力挣扎的胚蛋轻轻剥开，分开黏膜和壳膜，把头轻轻拉出壳外，令其自己挣扎破壳。

7. 孵化结束工作

出雏结束后，应及时清扫出雏机内的绒毛、碎蛋壳等污物，对出雏室、出雏机及出雏盘等进行彻底清洗和消毒，然后晒干或晾干，准备下次出雏再用。整理好孵化记录，做好孵化效果统计。

8. 停电时的措施

在孵化过程中，如遇到突然停电而又不能立即发电或恢复供电，则可分别进行如下处理。

（1）**孵化前期停电（种蛋入孵 10d 以内）**　如果确知停电时间不长（几小时以内），而孵化室的温度又在 21℃ 以上，那么只要迅速关闭进、排气孔和机门即可。如果室内温度较低，则需生火加温，最好使室温升至 27℃ 左右。

（2）**孵化中期停电（种蛋入孵 10d 以上，进入出雏机前）**要根据胚龄大小，采取相应措施。胚龄在 12d 左右，停电时间又不长，可打开出气孔；停电时间延长，就要适当调盘。如果胚龄超过 15d，停电时要立即打开箱门放温，然后再关起来 2~3h，测定心蛋和上层的蛋温，发现蛋温冒高时，要进行调盘。

（3）**孵化后期停电（出雏期内）**　要先打开机门放温（气温低，蛋量少例外），放温时间长短，可根据室温、蛋温高低确定，注意调盘，必要时还要适当喷凉水以降温。

五、提高孵化率的综合措施

孵化率是反映孵化效果的重要指标之一，种蛋孵化率的高低一直是种鸡场和孵化场所关注的主要问题，因为它直接关系着种鸡场和孵化场的经济效益。影响孵化率的因素主要有 3 方面：种鸡饲养管理不当、种蛋保存不好和孵化条件不合适。因此，要提高种蛋孵化率，应该从种鸡场和孵化场两个方面着手。

（一）加强种鸡的饲养管理，提高种蛋的受精率

首先，种蛋的受精率和孵化率与遗传关系密切，所以种鸡场应饲养优良高产的种鸡。其次，种蛋的受精率和孵化率也受许多外界因素的制约，例如种鸡饲料中缺乏维生素 A、维生素 D、维生素 E、维生素 K、维生素 B_{12} 和叶酸、泛酸，或缺乏钙、磷、镁、锌、硒等元素，或饲料发生酸败、霉变时，都可能导致胚胎

死亡。种鸡的疾病也是影响孵化率的重要因素，例如种鸡感染了垂直传播的疾病，如白痢、伤寒、副伤寒或者是传染性支气管炎、喉气管炎、新城疫、脑脊髓炎、支原体等都会影响孵化率。另外，如捡蛋不及时、种蛋受污染、种蛋受热或受寒等，也会影响孵化率。所以，种鸡场必须加强种鸡的饲养管理，提供品质优良、营养全面的饲料，采取综合卫生防疫措施，做好疾病预防工作，保证种鸡群的健康，加强种蛋的管理，防止种蛋污染，对种蛋进行严格的消毒和妥善贮藏，才能保证种蛋的质量。使用正确的配种方法，严格公母鸡的配种比例，保证种公鸡有旺盛的繁殖力，从根本上提高种蛋的受精率，从而提高种蛋的孵化效果。

（二）加强种蛋管理，确保种蛋品质符合标准

种蛋应来自生产性能高、无经蛋传播的疾病、受精率高、饲喂营养全面的饲料、管理良好的种鸡群，受精率达到该鸡种要求，蛋壳质地均匀，蛋重应符合本品种的要求，蛋形为卵圆形。一般开产最初 2～3 周的蛋、过大过小的蛋及畸形蛋不宜孵化。种蛋的壳面要清洁、无裂缝，颜色符合该鸡种标准要求。

为保证种蛋保存的适宜温度和湿度，种蛋应保存在专用的库房里，蛋库里的温度最好在 13～18℃，保存时间短则采用上限，时间长则采用下限。蛋库湿度以 75%～80% 为宜，湿度过小蛋内水分易蒸发，湿度过大易发霉。种蛋保存的时间不能过长，一般产后 7d 内最合适，3～5d 孵化效果最好。种蛋保存时间超过 1 周时，保存期间每天转蛋 1～2 次或将蛋的钝端朝下放置，使蛋黄位于中心，防止胚胎与蛋壳粘连，影响孵化效果。

因为很多疾病可通过种蛋直接传播，所以种蛋消毒是提高种蛋品质的有效措施。刚产出的蛋已被泄殖腔内细菌所污染，并且细菌分布在蛋壳表面，种蛋污染会影响孵化率并造成疾病的传

播。因此，一要及时捡蛋，每天捡蛋 4 ~ 6 次；二要及时对种蛋进行消毒，每个种鸡舍最好设消毒室，种蛋收集后马上消毒保存，否则 30min 后细菌即可通过气孔进入蛋内，这时再进行表面消毒已无效。消毒的种蛋经储存和运输后也有再被污染的可能，所以在孵化前一定要再次进行消毒。最常用的消毒方法是甲醛熏蒸法。

（三）创造适宜的孵化条件

孵化技术的好坏，直接影响孵化的效果，孵化应掌握好外界条件，即温度、湿度、通风、翻蛋、凉蛋、照蛋、移盘和卫生等，最适宜的孵化条件，是获得较高孵化率和优良雏鸡的外部条件。

温度是孵化最重要的条件，是决定孵化成功与否的关键。胚胎发育要有一定的温度，只有保证胚胎正常发育所需的适宜温度，才能获得高的孵化率。孵化初期，由于胚胎刚发育，自身产生的体热很少，自身调节温度的能力差，此期孵化的温度要稍高些；孵化中期，胚胎发育逐步加快，自身调节温度的能力增强，孵化温度应保持恒定；孵化后期，胚胎自身产生大量的体热，要把胚蛋转到出雏机内等待小鸡出壳，这时的温度要稍低些，出雏机温度要比孵化机内温度低 1℃ 左右。

孵化过程中，应根据胚胎发育的特点掌握好两个关键时期，即 1 ~ 7 胚龄和 8 ~ 21 胚龄。前期（即 1 ~ 7 胚龄）在提高孵化温度时，一定要采取有效措施，尽快缩短达到适宜孵化温度的时间。后期（即 8 ~ 21 胚龄）胚胎需氧量剧增，自温又很高，此期的通风换气非常重要，要加强通风换气，切实解决好供氧和散热问题。

（四）加强卫生和消毒工作

孵化室的工艺流程，必须严格遵循"种蛋、种蛋消毒、种蛋储存、种蛋处置（分级、码盘等）、孵化、移盘、出雏、雏鸡处置（分级、鉴别、预防接种等）、雏鸡存放、发送雏鸡"的单向流程不得逆转的原则。以减少和避免疾病感染，孵化室地面、墙壁、孵化设备和空气的清洁卫生非常重要，应定期认真冲洗、消毒。

总之，种蛋孵化率的提高依赖于种鸡场和孵化厂的共同努力，只有在加强管理并严格每一步关键性环节的前提下，才能取得孵化生产的稳产高产，最终为客户提供优质健康的雏鸡。

第四章

蛋鸡的营养需要与日粮配制

蛋鸡为了维持生命、生长和产蛋的需要，必须不断从外界摄取各种营养物质，这些营养物质来源于其从外界采食的各种植物性或动物性饲料。近年来，随着现代育种技术的发展与应用，蛋鸡的产蛋性能已有大幅度提高，因此，对饲料和营养的要求也更高。规模化养鸡生产者必须了解常用饲料的营养价值和蛋鸡的营养需要，才能根据蛋鸡的生理特点和生活习性，参照饲养标准，配制出能满足鸡不同生理阶段营养需要的最佳日粮。

第一节　蛋鸡常用饲料的营养价值

饲料的种类很多，目前对于饲料的分类方法尚未完全统一，美国学者 L. E. Harris 根据饲料的营养特性将饲料分为以下八类：粗饲料、青饲料、青贮饲料、能量饲料、蛋白质饲料、矿物质饲料、维生素饲料和饲料添加剂。下面重点介绍在蛋鸡养殖中使用较多的能量饲料、蛋白质饲料、矿物质饲料和饲料添加剂。

一、能量饲料

饲料干物质中粗纤维含量小于18%、同时粗蛋白质含量小于20%的饲料称为能量饲料。蛋鸡维持生命和生产所需能量主要来源于饲料中的碳水化合物，其次是脂肪和蛋白质。能量饲料代谢能含量较高，一般每千克干物质含能 10.46MJ 以上。能量饲料在蛋鸡饲粮中所占比例较大，一般为 60% ~70%。

(一) 禾本科籽实类

各种禾本科籽实类饲料无氮浸出物一般都在 70% 以上；蛋白质含量低，一般小于 10%，且品质较差，氨基酸不平衡；脂肪含量低，如玉米约为 4%，在加工时多转入其副产品中；B 族维生素和维生素 E 含量较丰富，但维生素 C、维生素 D 贫乏；矿物质含量为 1.5% ~3%，钙少磷多，但磷多以植酸盐形式存在，对单胃动物的有效性差。禾本科籽实适口性好，消化率高，因而有效能值也高。

1. 玉米

玉米又称苞谷、苞米等，为禾本科玉米属一年生草本植物。玉米有效能含量高，粗纤维含量低，容易消化，用量大，被誉为"饲料之王"；粗蛋白质含量一般为 7% ~9%。其品质较差，赖氨酸、蛋氨酸、色氨酸等必需氨基酸含量相对贫乏；玉米粗脂肪含量为 3% ~4%，富含不饱和脂肪酸，主要是亚油酸和油酸，为谷实类饲料之首；矿物质中钙少磷多，磷多以植酸盐形式存在，可吸收率较低；黄玉米胚乳中含有较多的色素，主要是 β - 胡萝卜素、叶黄素和玉米黄素等，有助于蛋鸡蛋黄的着色。

玉米在鸡的配合饲料中用量很大，是重要的能量饲料。粉碎后的玉米易被黄曲霉污染而产生黄曲霉毒素。黄曲霉毒素是一种很强的致癌物质，对蛋鸡危害很大，且由于富含不饱和脂肪酸，玉米粉碎后容易酸败，不宜久存。在生产上应采取适当的保存措施，以免玉米变质而降低饲用价值。

2. 小麦

小麦为禾本科小麦属一年生或越年生草本植物，粗脂肪含量约为玉米的一半；代谢能水平较玉米低；粗脂肪中必需脂肪酸含量也低，亚油酸含量仅为 0.8%；粗蛋白质含量较高，一般达12% 以上，居谷实类饲料之首，但必需氨基酸尤其是赖氨酸不足，因而小麦蛋白质品质较差；无氮浸出物多，在其干物质中可达75% 以上。小麦矿物质大部分存在于麸皮中，磷、钾等含量较多，但半数以上的磷为不能吸收的植酸磷。小麦用作鸡的饲料时，不宜粉碎过于精细，以免损失维生素和矿物质。

3. 高粱

高粱为禾本科高粱属一年生草本植物，高粱的籽实是一种重要的能量饲料。去壳高粱籽实的主要成分为淀粉，含量高达70%，但与其他谷类淀粉相比不易煮熟，消化率较低。蛋白质含量为8% ~9%，其中赖氨酸、苏氨酸等必需氨基酸含量少，蛋白质品质较差；脂肪含量稍低于玉米，但其中饱和脂肪酸的比例高于玉米，有效能值较高，代谢能为12.30MJ/kg；粗灰分中钙少磷多，所含磷多为植酸磷。烟酸含量较高，胡萝卜素和维生素 D 含量低。

高粱中含有毒物质单宁，适口性较差，单宁进入动物消化道后易与蛋白质形成一种络合物，使蛋白质消化率大大降低。

4. 大麦

大麦为禾本科大麦属一年生草本植物，按栽培季节可将大麦分为春大麦、冬大麦；按有无麦稃，可将大麦分为皮大麦和裸大麦。大麦粗蛋白质含量较高，为12% ~13%，且蛋白质品质也较好，赖氨酸含量为 0.52% 以上；无氮浸出物含量高，其组成主要是淀粉；脂肪含量低于2%，主要成分为甘油三酯；钙、磷含量比玉米高，胡萝卜素和维生素 D 不足，烟酸和维生素 B_1 含量较高。

大麦中非淀粉多糖（NSP）含量较高，达 10% 以上，其中主要由 β - 葡聚糖和阿拉伯木聚糖组成。鸡对大麦的消化率低，因此在配制鸡的日粮时大麦宜进行粉碎，且用量不宜过高，否则会引起鸡的腹泻。大麦中不含色素，因此对鸡产品（鸡肉、鸡蛋黄）无着色效果。

5. 谷类

稻谷为禾本科稻属一年生草本植物，所含无氮浸出物在 60% 以上，粗纤维主要集中于稻壳中，且半数以上为木质素等。稻谷脱去稻壳即为糙米，糙米粗蛋白质含量约为 8%，粗蛋白质中必需氨基酸如赖氨酸、蛋氨酸、色氨酸等较少；糙米中粗脂肪含量约 2%，其中不饱和脂肪酸比例较高。糙米易消化，有效能值含量高；灰分含量（约 1.3%）较少，其中钙少磷多，磷多以植酸磷形式存在。稻谷外层是坚硬的稻壳，影响稻谷的消化率，在生产上一般不宜用稻谷直接饲喂猪、鸡等单胃动物，因此一般都脱壳后使用。糙米、碎米容易消化，可作为鸡的能量饲料，其饲用效果与玉米相当。

6. 燕麦

燕麦为禾本科燕麦属一年生草本植物，营养价值和大麦相似。燕麦的蛋白质含量在 10% 左右，其品质较差；粗脂肪含量在 4.5% 以上，且不饱和脂肪酸含量高，其中，亚油酸占 40% ~ 47%，油酸占 34% ~39%；由于不饱和脂肪酸比例较大，所以燕麦不宜久存。由于燕麦含稃壳多，粗纤维高，鸡对其消化率低，所以燕麦使用前应脱壳处理。脱壳后是优良的能量饲料，营养价值高于玉米，且燕麦的 NSP 总含量约为大麦的一半，可溶性 NSP

含量与大麦接近，因此在鸡日粮中可用10%左右。

（二）禾本科籽实加工副产品

禾本科籽实经加工后形成的一些副产品对人类的食用价值不大，但能用于饲喂畜禽。这类副产品即为糠麸类，主要包括小麦麸、大麦麸、次粉、米糠等。这类饲料的营养值由于原粮和加工的深度不同而有较大差别，蛋白质的含量为12%～16%，粗纤维、粗灰分含量均高于原粮，钙、磷比例不平衡，B族维生素含量较高。

1. 小麦麸

小麦麸俗称麸皮，是以小麦籽实为原料加工面粉后的副产品。小麦麸粗纤维含量高于原粮，平均为9%左右；粗蛋白质含量一般为12%～17%，氨基酸组成较好，但蛋氨酸含量少。与原粮相比，小麦麸中无氮浸出物较少，有效能较低，代谢能为6.82MJ/kg；灰分较多，所含灰分中钙少（0.1%～0.2%）磷多（0.9%～1.4%），其中磷多为植酸磷；微量矿物元素铁、锰、锌含量较多，B族维生素含量也很高。小麦麸具有比重轻、体积大的特点，可用来调节种鸡日粮的能量浓度，以达到限饲目的。

2. 次粉

次粉又称黑面、黄粉等，是以小麦籽实为原料磨制精白面粉时获得的副产品。蛋白质含量稍低于麸皮，粗纤维含量显著下降，平均为3.5%；无氮浸出物含量高，因而次粉代谢能值要比麸皮高得多，约为11.92MJ/kg。目前，用作饲料的次粉和麸皮经常混合在一起出售，很难加以严格的区分。一般颜色越深，容重越小，含麸皮越多，营养价值也越低。次粉细度过小，在鸡日粮中以粉料形式使用则不利于消化。

3. 米糠

米糠是稻谷脱壳后的糙米精制大米时分离出的种皮、糊粉层和胚的混合物。一般稻谷出糠率为 6% ~ 8%，大米加工越白，出糠率越高，米糠营养值也就越高。

米糠中蛋白质含量约为 13%，氨基酸的含量与一般谷物相似，其中赖氨酸含量高；脂肪含量高达 10% ~ 17%，因此有效能较高，脂肪酸组成中多为不饱和脂肪酸；粗纤维含量较多，质地疏松，容重较轻。但米糠中无氮浸出物含量不高，一般在 5% 以下；米糠中粗灰分含量为 8% ~ 10%，所含矿物质中钙少磷多，钙、磷比例极不平衡（1:20），磷不易被吸收；B 族维生素和维生素 E 丰富。

米糠虽属能量饲料，但粗纤维含量较多，在蛋鸡和生长鸡日粮中一般可搭配米糠 5% ~ 15%，不宜过多。

（三）油脂

按脂肪来源，油脂包括动物性油脂和植物性油脂。动物性油脂主要有牛、羊、猪、禽类的脂肪，植物性油脂包括玉米油、花生油、葵花籽油、豆油等。动物油脂代谢能为 29.7 ~ 35.6MJ/kg，植物油脂为 34.3 ~ 36.8MJ/kg。日粮的组成、日粮中油脂含量以及鸡的周龄等因素都能影响动物油或动、植物油的能量利用率。

在饲养实践中动物、植物混合油脂的代谢能值比两者的相加值高，即油脂具有额外能量效应，因此油脂广泛应用于家禽饲料中。夏季蛋鸡采食量下降时，可通过在日粮中添加 0.5% ~ 3% 的油脂，以提高营养浓度，保证鸡营养需要，防止热应激。而且在蛋鸡饲粮中添加 2% ~ 5% 油脂，尤其是添加富含不饱和脂肪酸油脂，可增加蛋重，在炎热夏季，效果尤为明显。此外，配合饲料中加入油脂可有效减少粉尘，促进颗粒饲料成形，降低饲料混合机和颗粒机的磨损，延长设备可利用年限。

二、蛋白质饲料

蛋白质饲料一般指干物质中粗纤维含量小于18%、粗蛋白质含量大于或等于20%的饲料。主要包括植物性蛋白质饲料、动物性蛋白质饲料、单细胞蛋白质饲料和非蛋白氮。其中，蛋鸡养殖中使用最为普遍的是植物性蛋白质饲料和动物蛋白质饲料。

（一）植物性蛋白质饲料

植物性蛋白质饲料是蛋鸡日粮中常用的蛋白质饲料原料，主要包括豆科籽实类、饼粕类和其他植物性蛋白质饲料。

1. 豆科籽实类

豆类籽实包括大豆、豌豆、蚕豆等，可作为我国主要畜禽的蛋白质饲料。它们的营养特点是蛋白质含量丰富，一般为20%～40%，蛋白质品质优良，特别是赖氨酸的含量比较高，蛋氨酸含量略低。无氮浸出物含量较谷物籽实类饲料低，仅为28%～62%。油脂含量高，所以它的能量值高于玉米。

豆类中以大豆的产量最高，大豆蛋白质含量为32%～40%。生大豆中蛋白质多属水溶性蛋白，加热后即溶于水；氨基酸组成良好，植物蛋白中普遍缺乏的赖氨酸含量较高。大豆脂肪含量高，达17%～20%，其中不饱和脂肪酸较多，亚油酸和亚麻酸可占55%。大豆碳水化合物含量不高，无氮浸出物仅26%左右，其中蔗糖占无氮浸出物总量的27%，纤维素占18%。阿拉伯木聚糖、半乳聚糖及半乳糖酸结合而形成黏性的半纤维素，存在于大豆细胞膜中，有碍消化。矿物质中钾、磷、钠和铁含量较高，但60%磷为不能利用的植酸磷。维生素与谷实类相似，B族维生素多而维生素A、维生素D少。

生大豆含有多种抗营养因子，如胰蛋白酶抑制因子，会影响动物适口性和饲料的消化率。加热和膨化处理可以有效破坏大豆中抗营养因子，提高其利用率。饲喂生全脂大豆可导致育成期蛋鸡体重下降，性成熟推迟，补充蛋氨酸可消除不利影响。加工全脂大豆在蛋鸡饲粮中能完全取代豆粕，可提高蛋重，并明显改变蛋黄中脂肪酸组成，显著提高亚麻酸和亚油酸含量；降低饱和脂肪酸含量，从而提高鸡蛋的营养价值。

蚕豆、豌豆等豆类的碳水化合物含量为55%～60%，蛋白质为20%～25%，蛋白质组成中赖氨酸含量丰富，但含硫氨基酸偏低；脂肪含量低，为0.5%～2%，粗纤维含量约为7%，各种矿物元素含量偏低，但微量元素、B族维生素含量均高于谷类。

2. 饼粕类

饼粕类是以豆类为原料提取油后的副产物，通常将压榨法取油后的产品称为油饼，而将浸提法取油后的产品称为油粕。饼粕类由于原料种类、品质和加工工艺的不同，其营养成分差别较大。

（1）大豆饼粕 大豆饼粕是畜禽最主要的植物性蛋白质饲料，约占饼粕类饲料总量的70%。豆饼的蛋白质含量最高，一般在40%～50%之间，必需氨基酸含量高，赖氨酸含量在饼粕类中最高。若配合大量玉米和少量的鱼粉，很适合家禽氨基酸营养需求；大豆饼粕色氨酸、苏氨酸含量也很高，与谷实类饲料配合可起到互补作用。大豆饼粕粗纤维含量较低，无氮浸出物主要是蔗糖、棉籽糖和多糖类，淀粉含量低。大豆饼粕中胡萝卜素、核黄素和硫胺素含量少，烟酸和泛酸含量较多，胆碱含量丰富。矿物质中钙少磷多，磷多为植酸磷，硒含量低。

大豆饼粕中含多种抗营养因子如蛋白酶抑制剂、胀气因子、植物凝集素和皂苷等，它们影响豆类饼粕的营养价值。这些抗营养因子大多不耐热，适当加热处理即可消除其活性，提高大豆饼粕饲养价值。大豆饼粕色泽佳，对家禽适口性好，在玉米—大豆饼粕为主的日粮中，额外添加蛋氨酸即能满足畜禽蛋白质需求。适当加工后不易变质，是鸡日粮中蛋白质的主要来源，其用量一般不受限制。此外，大豆饼粕含有未知营养因子，可代替鱼粉应用于家禽饲料。

（2）菜籽饼粕　菜籽饼粕是油菜籽提取油后所得残渣。菜籽饼粕蛋白质含量较高，为34%～38%，氨基酸组成平衡，含硫氨酸较多，精氨酸含量低，是一种良好的氨基酸平衡饲料。粗纤维含量约12%～13%，无氮浸出物含量为30%，碳水化合物为不宜消化的淀粉，有效能值较低。矿物质中钙、磷含量均高，富含铁、锰、锌、硒，尤其是硒含量高达1mg/kg；维生素中胆碱、叶酸、烟酸、核黄素、硫胺素均比豆饼高，但胆碱与芥子碱呈结合状态，不易被肠道吸收。

菜籽饼粕具有辛辣味，适口性差，含有硫葡萄糖苷、芥子碱、植酸、单宁等抗营养因子，饲用价值低于大豆饼粕。在鸡配合饲料中，菜籽饼粕应限量使用，一般宜低于8%，用量达到10%即可引起蛋重和孵化率下降。褐壳蛋鸡对菜籽饼粕敏感，用菜籽饼粕饲喂褐壳蛋鸡所产鸡蛋带鱼腥味。近年来，国内外培育的"双低"（低芥酸和低硫葡萄糖苷）品种已在我国部分地区推广，并获得较好效果。

（3）棉籽饼粕　棉籽饼粕是棉籽经脱壳浸提或压榨取油后的副产品。棉籽饼粕粗蛋白含量为33%～40%，氨基酸中赖氨酸较低，仅相当于大豆饼粕的一半左右，蛋氨酸亦低，精氨酸含量较高。粗纤维含量主要取决于制油过程中棉籽脱壳程度，一般为

13%，不脱壳棉籽饼粕可达20%以上，纤维含量越高者蛋白质含量越低。有效能值低于大豆饼粕；矿物质中钙少磷多，其中71%左右为植酸磷，含硒少；维生素 B_1 含量较多，维生素 A、维生素 D 少。

棉籽饼粕中含有棉酚、环丙烯脂肪酸等抗营养因子。游离棉酚对鸡有害，故其对鸡的饲用价值主要取决于游离棉酚和粗纤维的含量。通常游离棉酚含量在0.05%以下的棉籽饼粕，在产蛋鸡中可用到饲粮的5%～15%，未经脱毒处理的饼粕，饲粮中用量不得超过5%。研究发现，蛋鸡饲粮中棉酚含量在20mg/kg以下，不影响产蛋率，但棉酚含量达到50mg/kg则会产生蛋黄变色的"桃红蛋"。

3. 其他植物性蛋白质饲料

（1）玉米蛋白粉 玉米蛋白粉又称玉米面筋粉，为玉米除去淀粉、胚芽、外皮后剩下的产品，是玉米淀粉厂的主要副产物之一。粗蛋白质含量35%～60%，氨基酸组成不佳，蛋氨酸、精氨酸含量高，赖氨酸和色氨酸严重不足。粗纤维含量低，易消化，代谢能与玉米接近或稍高于玉米，为高能饲料。矿物质含量少，铁较多，钙、磷较低；维生素中胡萝卜素含量较高，B 族维生素少；富含色素，天然叶黄素含量高达200～300mg/kg。玉米蛋白粉用于鸡饲料可节省蛋氨酸，对蛋鸡蛋黄有良好着色效果。因玉米蛋白粉太细，配合饲料中用量不宜过大，以5%以下为宜。

（2）酿酒工业副产物 酿酒工业副产物主要有3种：脱水酒精糟（DDG）、脱水酒精糟液（DDS）、玉米脱水酒精糟及可溶物（DDGS）。3种副产物蛋白质含量依次约为27%、32%、30%；粗纤维含量依次约为12%、4%、7%；代谢能含量依次约8.7MJ/kg、9.7MJ/kg、9.2MJ/kg。可作为鸡日粮蛋白质来源，但氨基酸含量及利用率均低于玉米蛋白粉，不宜作为鸡日粮中的唯一蛋白质原料，用量一般不超过10%。

（二）动物性蛋白饲料

动物性蛋白质饲料主要是指水产、畜禽肉食及乳品业等加工副产品。目前，畜牧生产中常用的动物性蛋白质饲料有鱼粉、肉骨粉与肉粉、血粉、羽毛粉和蚕蛹粉等。这类饲料的主要营养特点是：蛋白质含量高（40%～85%），氨基酸组成比较平衡，并含有促进动物生长的动物性蛋白因子。碳水化合物含量低，粗纤维含量几乎为零。脂肪含量较高，所以有效能值含量高，但脂肪易氧化酸败，不宜贮藏。粗灰分含量高，钙、磷含量丰富，比例适宜且利用率高，微量元素硒含量很高。维生素含量丰富，尤其是维生素 B_2 和维生素 B_{12} 含量高。

1. 鱼粉

鱼粉是全鱼或鱼食品工业副产品经去油、脱水、粉碎加工后的高蛋白质饲料原料。全鱼加工的鱼粉质量优于内脏、头和骨加工的鱼粉。合格鱼粉的蛋白质含量高，为50%～65%；氨基酸种类齐全而且平衡，利用率高，尤其是主要氨基酸含量与猪、鸡体组织氨基酸组成基本一致。粗脂肪含量不高于10%，钙、磷含量高，比例适宜。微量元素中碘、硒含量高。富含脂溶性维生素 A、维生素 D、维生素 E、维生素 B_{12} 和未知生长因子。所以，鱼粉不仅是一种优质蛋白源，而且是一种不易被其他蛋白质饲料完全取代的动物性蛋白质饲料。

因鱼粉中不饱和脂肪酸含量较高并具有鱼腥味，故在畜禽饲粮中使用量不宜过多，日粮中鱼脂含量超过0.7%时，就会使鸡蛋和鸡肉产生腥味，因为鱼粉中粗脂肪含量一般为3%～12%，平均约为7%，当鱼粉中脂肪含量接近10%时，在鸡饲粮中用量不宜超过 10%。鱼油含量要求小于 1%。此外，鱼粉不宜长期储存，特别是在高温高湿季节，易受微生物侵染而变质，产生有害的组胺类物质肌胃糜烂素，可造成鸡肌胃糜烂、溃疡，呕吐等消化道疾病。

2. 肉骨粉与肉粉

肉骨粉是以动物屠宰后不宜供人食用的下脚料以及碎肉、内脏杂骨等为原料，经高温灭菌、脱脂干燥粉碎制成的粉状饲料，骨骼含量大于 10%。肉粉是以纯肉屑或碎肉制成的饲料，纯肉粉中基本不含骨骼。骨粉是动物的骨经脱脂脱胶后制成的饲料。一般肉骨粉粗蛋白质含量约为 50%，粗脂肪约 10%，粗灰分约33%，钙约 10%，磷约 5%，代谢能约 10MJ/kg，必需氨基酸含量与豆粕相似，氨基酸消化率较低，总体营养价值与豆粒相似；肉粉粗蛋白含量一般为 50% ~60%，粗脂肪 12% 左右，粗灰分约25%，钙约 8%，磷约 4%，代谢能 10~12MJ/kg。

肉粉和肉骨粉都属于较优质的动物蛋白饲料，它们共同特点是钙、磷含量丰富，比例适宜，在鸡日粮中可搭配 5% 左右。但两者在加工过程中应经过严格的消毒，以免引起沙门氏菌感染。

3. 血粉

血粉是畜禽血液经脱水干燥后制成的粉状动物性蛋白质饲料产品。血粉粗蛋白质含量一般在 80% 以上，赖氨酸含量非常高，达 6% ~9%；色氨酸、亮氨酸、缬氨酸含量亦较高，但异亮氨酸、蛋氨酸含量低，氨基酸组成不平衡。血粉中蛋白质、氨基酸利用率受加工工艺的影响。低温喷雾法生产的血粉消化率较高，而一般干燥方法获得的血粉消化率较低。

血粉适口性差，氨基酸组成不平衡，过量添加易引起动物腹泻、短期应激。因此饲粮中血粉的添加量不宜过高。一般蛋鸡饲料中用量应小于3%，且在使用时应注意与精氨酸、亮氨酸含量高的饲料搭配使用。发酵血粉是在血粉中添加米曲霉发酵，经干燥、制粉所得。这是近年来利用血粉的重要途径，经发酵后血粉的消化吸收率得以改善，饲用价值有所提高。

4. 羽毛粉

羽毛粉是将家禽羽毛经过清洁蒸煮、酶水解、膨化所得的一种动物性蛋白质补充饲料。羽毛粉中含粗蛋白质80%～85%，胱氨酸含量为2.93%，居所有天然饲料之首；缬氨酸、亮氨酸也较高，但赖氨酸、蛋氨酸和色氨酸的含量相对缺乏。氨基酸利用率低，此外羽毛粉氨基酸组成不平衡，蛋白质品质差也是影响其在蛋鸡日粮中应用的因素。而且由于其适口性差，在蛋鸡日粮中用量不宜超过4%。用量过高会降低鸡的生产性能和饲料报酬。

(三) 单细胞蛋白质饲料

单细胞蛋白质（SCP）是单细胞或具有简单构造的多细胞生物的菌体蛋白的统称。用于饲料用的单细胞蛋白质微生物主要有酵母、真菌、藻类及非病原性细菌四大类。目前，我国开发利用较好的主要是酵母类。

饲料酵母是单细胞蛋白质的一种，专指以淀粉、糖蜜以及味精、酒精等高浓度有机废液和石油化工副产品等碳水化合物为主要原料，经液体通风培养酵母菌，并从其发酵液中分离酵母菌体经干燥后制得的产品。根据原料的种类及生产工艺，饲料酵母可分为石油酵母、啤酒酵母、味精酵母、纸浆废液酵母，它们的营养价值差异较大。

石油酵母粗蛋白质含量约60%，水分5%～8%，粗脂肪8%～10%，干物质中代谢能9.29MJ/kg。赖氨酸含量接近优质鱼粉，但蛋氨酸含量很低。粗脂肪多以结合型存在细胞质中，稳定、不易氧化，利用率较高。矿物质中铁、锌、硒含量较高，碘含量低，维生素 B_{12} 不足。饲料酵母还含有未知生长因子，具有类似维生素 E 的活性，能够抗氧化自由基，加快畜禽从疾病和应激状态恢复的速度，如在鸡日粮中添加 1% 饲料酵母可以有效防止啄癖。近年来，还开发了许多饲用饲料酵母，如含硒酵母、含铬酵母等，用来安全和有效的补充必需微量营养素。饲料酵母是鸡良好的蛋白质饲料，在产蛋鸡日粮中可添加 5% ~ 10%。

三、矿物质饲料

矿物质也称灰分，是一类无机营养物质，存在动物的各种组织中，广泛参与体内各种代谢过程。根据其在动物体内含量的多少，分为常量矿物元素钙、磷、钾、钠、氯、镁、硫和微量矿物元素如铁、铜、锌、硒、碘等两大类。矿物元素在机体生命活动过程中起十分重要的调节作用，尽管占体重很小，且不供给能量、蛋白质和脂肪，但缺乏时动物生长或生产受阻，甚至死亡。

（一）含钙的矿物质饲料

1. 石粉

石粉主要指石灰石粉，为天然的碳酸钙（$CaCO_3$），一般含纯钙 35% 以上，是补充钙的最廉价、最方便的矿物质原料。天然的石灰石中，只要镁、铅、汞、砷的含量在卫生标准范围之内均可使用。石粉在蛋鸡和种鸡日粮中用量可达到 7% ~ 7.5%。但喂石粉过量，会降低饲粮有机养分的消化率，还将对育成鸡的肾脏有害，使泌尿系统尿酸盐沉积过多而发生炎症，甚至形成结石。石粉作为家禽钙的来源，其粒度以 26 ~ 28 目为宜。对蛋鸡来讲，较粗的粒度有助于保持血液中钙的浓度，满足形成蛋壳的需要，从而增加蛋壳强度，减少蛋的破损率，但粗粒度会影响饲料的混合均匀度。

2. 贝壳粉

贝壳粉是各种贝类外壳（蚌壳、牡蛎壳、蛤蜊壳、螺蛳壳等）经加工粉碎而成的粉状或粒状产品。主要成分也为碳酸钙，含钙量为 33% ~ 38%，与石粉接近。品质好的贝壳粉呈白色粉状或片状，用于蛋鸡或种鸡的饲料中，蛋壳的强度较高，破壳蛋软壳蛋少。贝壳粉饲喂蛋鸡时以 70% 通过 10mm 筛为宜。贝壳粉内常掺杂砂石和泥土等杂质，使用时应注意检查；且贝壳内部残留有少量有机物，因而贝壳粉还含有少量粗蛋白质，使用时应注意有无发霉、发臭情况。

3. 石膏

石膏为灰色或白色的结晶粉末，主要是二水硫酸钙（$CaSO_4 \cdot 2H_2O$）。由于来源不同含钙量差异较大，一般为 20% ~ 29%，含硫 16% ~ 18%，生物利用率高。若来自磷酸工业的副产品，则氟、砷含量往往超标，使用时应加以处理。石膏有预防鸡啄羽、啄肛的作用，一般在饲料中的用量为 1% ~ 2%。

（二）含磷的矿物质饲料

1. 磷酸钙盐

最常用的是磷酸氢钙（$CaHPO_4 \cdot 2H_2O$），含磷 18% 以上，含钙 21% 以上。饲料级磷酸氢钙应注意脱氟处理，含氟量不得超过 0.08%，砷不超过 0.003%。磷酸氢钙可溶性优于其他磷酸盐，钙、磷利用率高，是鸡饲料中应用广泛的钙、磷饲料。

2. 骨粉

骨粉是以家畜骨骼为原料加工而成的，基本成分是磷酸钙，钙、磷比例约为 2：1，比例较为平衡，符合动物机体的需要，是家禽钙、磷需要的良好来源。骨粉一般含磷 13% ~ 15%，钙

30%～35%，同时还富含多种微量元素。骨粉是我国配合饲料中常用的饲料，一般在鸡饲料中添加量为1%～3%。不经脱脂、脱胶和热压灭菌而直接粉碎制成的生骨粉，因含有较多的脂肪和蛋白，易腐败变质。尤其是品质低劣，呈灰泥色的骨粉，常携带大量病菌，易腐败和传播疾病，不宜作为鸡饲料钙、磷来源。

（三）含钠、氯的饲料

1. 氯化钠

通常使用的是食盐，是最常用的钠源和氯源饲料。植物性饲料钠和氯含量少，而含钾丰富。为了保持生理上的平衡，对以植物性饲料为主的动物应补充食盐。食盐除了具有维持体液渗透压和酸碱平衡的作用外，还可刺激唾液分泌，提高饲料适口性，增强动物食欲。

鸡日粮中食盐的用量一般为0.2%～0.35%，在动物性饲料含量较少的条件下，一般不详细计算各种饲料中钠和氯的含量。但饲料中食盐配合过多或混合不匀易引起中毒。当雏鸡日粮中含盐量达到0.7%时则会出现生长受阻，甚至有死亡现象。产蛋鸡饲料中含盐超过1%时，可导致饮水增多，粪便变稀，产蛋率下降；达到3%时，则引起中毒死亡现象。

2. 碳酸氢钠

俗称小苏打，分子式为$NaHCO_3$，为无色结晶粉末，无味。含钠约27%，生物利用率高，是优质的钠源矿物质饲料之一。碳酸氢钠除提供钠离子外，还是一种缓冲剂，可缓解热应激，调节胃的pH值。适量添加碳酸氢钠替代鸡日粮中的食盐，除了提供钠外，还可调整日粮电解质平衡，有助于鸡体液的酸碱平衡。夏季，在蛋鸡饲粮中添加碳酸氢钠可减缓热应激，防止生产性能的下降。

3. 硫酸钠

又名芒硝，分子式为 Na_2SO_4，是含结晶水的硫酸钠俗称，为白色粉末。含钠32%以上，含硫约22%，生物利用率高，既可补钠又可补硫。在家禽饲粮中添加，可提高金霉素的效价，同时有利于羽毛的生长发育，防止啄羽癖。

四、饲料添加剂

目前，随着饲料工业的高速发展与科学技术的进步，添加剂的研究、开发与应用越来越受到重视。当今饲料添加剂工业已成为配合饲料工业中的一个极重要的组成部分，没有饲料添加剂就无法配制全价配合饲料，饲料添加剂已和能量饲料、蛋白质饲料一起成为配合饲料原料工业的三大支柱。

(一) 添加剂的分类与作用

添加剂是指为了某种目的而以微小剂量添加到配合饲料中的物质的总称。使用添加剂的目的是改善饲料营养价值，提高饲料适口性；促进动物健康生长和发育、或提高动物产品的产量和质量等，以达到防止饲料品质劣化、提高饲料利用率、提高动物生产性能，降低生产成本的目的。

1. 添加剂的分类

添加剂品种日益繁多，性能各异，根据动物营养学原理，一般将饲料添加剂分为营养性和非营养性两大类（图4-1）。

2. 饲料添加剂的作用

（1）补充饲料营养成分　饲料原料的营养成分一般会存在某些方面的不足，特别是在集约化生产条件下，蛋鸡易由于某种营养素摄入不足而产生营养缺乏症，而饲料中的营养性添加剂包括氨基酸、矿物质和维生素，这类添加剂的使用可以保持氨基酸的

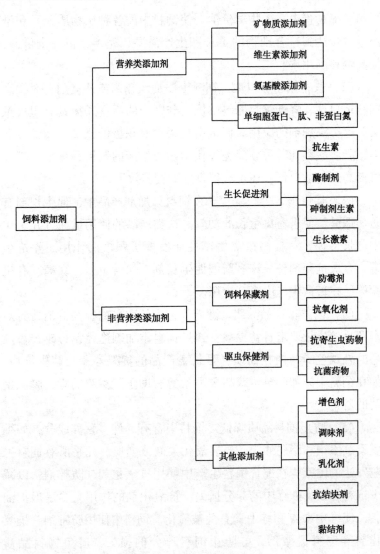

图 4-1　饲料添加剂分类

平衡，提高蛋白质生物学价值，使饲料中的各种矿物质元素和维生素含量达到符合动物的生长和生产需要，完善日粮的全价性，提高饲料利用率。

（2）改善饲料适口性　饲料中添加风味剂或诱食剂，对提高饲料适口性、降低饲料原料中抗营养因子的不良风味具有积极意义。这类添加剂的应用对促进畜禽采食有积极的意义。酯类、醚类、脂肪酸类和芳香族醇类等化学物质生产的饲用香味剂，不仅可提高饲料适口性，还可获得良好的饲养效果。

（3）促进畜禽生长发育　在饲料添加剂产品中，促生长剂有防病保健、促进畜禽生长的功效。这类产品的使用量在近几十年中增长迅速，对提高畜禽生产性能发挥了积极的作用。除抗生素、合成抗菌剂外，许多新型促生长剂，如益生素、寡糖、有机盐等已在畜禽生产中得到应用。

（4）改善畜产品品质　随着人们生活水平的提高，消费者对畜产品的质量要求日益提高，通过饲料添加剂途径，可改善畜产品的外观色泽与内在品质，延长畜产品的货架寿命与销售价格。如在饲料中添加叶黄素或胡萝卜素醇有助于三黄鸡的喙、脚、蛋黄的着色。

（5）防止饲料品质降低　饲料中含有的许多营养成分，如维生素、不饱和脂肪酸等，极易氧化失效或变质。几乎所有饲料工业发达的国家均在配合饲料生产中使用抗氧化剂、防霉剂，以减少饲料加工、贮存中的养分损失。抗氧化剂的作用主要是保护油脂，使维生素 A 和维生素 E 免被氧化。饲料中使用防霉剂、抗氧化剂等饲料保藏剂，可防止饲料养分的损失，避免饲料品质下降。

（6）合理利用饲料资源　配合饲料由多种饲料原料配制而

成，使用添加剂后可利用某些尚未利用或未充分利用的饲料资源，生产出营养价值完善的饲粮，从而可扩大利用那些在单一状态无法利用或限量使用的饲料资源，降低配合饲料成本。尤其是某些饲料原料含有抗营养因子，单一使用不利于畜禽健康，进而有可能危及环境或动物的健康，但由于配套地使用了相应的添加剂，就可使这类饲料资源得以充分利用。

（二）添加剂的种类与应用

1. 营养性添加剂

（1）微量元素添加剂　动物饲粮中易缺乏微量元素，因此有必要补充，以保证动物的营养需要。在饲料添加剂中应用最多的微量元素是Fe、Cu、Zn、Co、Mn、I与Se，这些微量元素除为动物提供必需的养分外，还能激活或抑制某些维生素、激素和酶，对保证动物的正常生理机能和物质代谢有着极其重要的作用。我国当前生产和使用的微量元素添加剂品种大部分为硫酸盐或螯合物，碳酸盐、氯化物及氧化物较少。主要微量元素的功能及添加形式见表4-1。

表4-1　微量元素的功能及添加形式

微量元素	生理生化功能	添加形式（化合物）	化合物中微量元素含量（%）
铁（Fe）	与传递氧有关酶的组分，在细胞内氧化过程中起重要作用；血红素的组成成分	七水硫酸亚铁 一水硫酸亚铁	20.1 30.2
碘（I）	动物体合成甲状腺素所必需；甲状腺素控制	碘化钾 碘酸钙	76.5 65.1
铜（Cu）	在酶系中必不可少，毛的发育、色素沉着、骨骼发育、繁殖与泌乳所必需；与铁和维生素 B_{12} 一道，为血红素的形成所必需	五水硫酸铜 一水硫酸铜	25.5 35.8

（续表）

微量元素	生理生化功能	添加形式（化合物）	化合物中微量元素含量（%）
锰（Mn）	氧化磷酸化、氨基酸代谢、脂肪合成与胆固醇代谢酶系统的活化剂；骨的正常形成所必需；生长与繁殖必需	五水硫酸锰 一水硫酸锰 氧化锰	22.8 32.5 77.4
锌（Zn）	几种酶系统的组分；正常蛋白质合成与代谢所必需；骨、羽发育所必需	七水硫酸锌 一水硫酸锌 氧化锌	22.7 36.4 80.3
硒（Se）	谷胱甘肽过氧化物酶的组成部分，这种酶可将过氧化酯类还原，防止其在体内积累；与维生素 E 共同发挥抗氧化功能	亚硒酸钠 硒酸钠	45.6 41.7
钴（Co）	维生素 B_{12} 的组分	氯化钴 硫酸钴	19.4 24.4

　　微量元素添加剂的原料基本采用饲料级微量元素盐，硫酸盐的生物利用率较高，但因其含有结晶水，易使添加剂加工设备腐蚀。目前，已出现作为饲料添加剂用的氨基酸盐，如蛋氨酸锌、蛋氨酸锰、蛋氨酸铁、蛋氨酸铜和蛋白质—金属螯合物如钴—蛋白化合物、铜—蛋白化合物、碘—蛋白化合物、锌—蛋白化合物等。有机微量元素与无机微量元素相比虽然价格较为昂贵，但由于其具有更高的生物学价值而倍受关注，成为微量元素添加剂的发展方向。

　　（2）氨基酸饲料添加剂　组成蛋白质的各种氨基酸对畜禽机体来说都是不可缺少的，但并非全部需由饲料来直接供给。只有那些在畜禽体内不能由畜禽组织细胞自我合成、或合成速度不能满足机体需要的必需氨基酸，才需由饲料给予补充。在动物饲养中，为了满足动物对必需氨基酸的需要，在其饲粮中添加适量的氨基酸，此添加物就是氨基酸添加剂。

　　①蛋氨酸。蛋氨酸是饲料最易缺乏的一种氨基酸，饲料工业

中广泛使用的蛋氨酸有两类，一类是 DL - 蛋氨酸，另一类是 DL - 蛋氨酸羟基类似物。蛋氨酸与其他氨基酸不同，天然存在的 L - 蛋氨酸与人工合成的 DL - 蛋氨酸的生物利用率完全相同，营养价值相等，故 DL - 蛋氨酸可完全取代 L - 蛋氨酸使用。蛋氨酸的使用可按畜禽营养需要量补充，一般添加量为 0.05% ~ 0.2%，即 500 ~ 2 000g/t。蛋氨酸在家禽饲料中使用较为普遍。

②赖氨酸。作为饲料添加剂使用的一般为 L - 赖氨酸的盐酸盐。我国制定的饲料级 L - 赖氨酸盐酸盐国家标准，规定 L - 赖氨酸盐酸盐≥98.5%。在饲料中的具体添加量，应根据畜禽营养需要量确定。一般添加为 0.05% ~ 0.3%，即 500 ~ 3 000g/t。但在计算添加量时应注意：含有 98.5% 的 L - 赖氨酸盐酸盐生物活性只有 L - 赖氨酸的 78.8%，且赖氨酸在加工、贮存过程中易形成复合物而降低生物活性。

③色氨酸。一般情况下，除赖氨酸、蛋氨酸外，色氨酸是畜禽饲养中最易缺乏的必需氨基酸。DL - 色氨酸产品外观为白色至淡黄色粉末，略有特异气味，难溶于水。鸡对 DL - 色氨酸的相对活性是 L - 色氨酸的 50% ~ 60%。雏鸡及仔猪易缺乏色氨酸，在低蛋白饲料中添加色氨酸，对提高增重、改善饲料效率十分有效。一般添加量为 0.02% ~ 0.06%。

④苏氨酸。苏氨酸共有 4 个异构体，常用的是 L - 苏氨酸。产品外观为无色微黄色晶体，有极弱的特殊气味。在以小麦、大麦等谷物为主的饲粮中，苏氨酸的含量往往不能满足动物需要。在大多数以植物性蛋白质为基础的家禽饲料中，苏氨酸可成为影响蛋鸡生产的限制性因子。

在蛋鸡生产中，蛋氨酸、赖氨酸、苏氨酸分别为产蛋鸡的第一、第二、第三限制性氨基酸，除充足供应外还应该注意鸡日粮中整体氨基酸的平衡。

（3）维生素饲料添加剂

①维生素 A。维生素 A 醋酸酯稳定性好，维生素 A 多由其制成，也有使用维生素 A 棕榈酸酯的。维生素 A 极易被氧化，为了提高其稳定性，常添加抗氧化剂或外加包被层。维生素 A 饲料的贮存要求密封、避光、防湿，温度在20℃以下，且温差变异小。

②维生素 D。饲料工业上使用的维生素 D 多为维生素 D_3。维生素 D_3 用胆固化醇醋酸酯为原料制成。维生素 D_3 易受热和氧化物影响，为了提高其稳定性，维生素 D_3 酯化后，需经明胶、糖和淀粉包被。常温条件下活性损失量较低，若气温高于20℃，空气相对湿度大于70%，在预混剂中贮存1年，活性约损失1/3。为了补偿其有效成分的损失，蛋鸡饲粮中需超量添加。

③维生素 E。维生素 E 又名生育酚，常见的具有维生素 E 活性的酚类化合物主要有 α–生育酚、β–生育酚和 γ–生育酚，其中 α–生育酚活性最高。维生素 E 添加剂多由 DL–α–生育酚醋酸酯制成。维生素 E 本身易氧化，在加工维生素 E 制剂过程中须加抗氧化剂作为稳定剂。在贮存过程中，随着温度的升高，其活性成分丧失增多。因此，维生素 E 饲料宜在低温条件下贮存。

④维生素 K。饲料工业上使用的是人工合成的维生素 K_3。维生素 K_3 的活性成分是甲萘醌，甲萘醌为黄色粉末。饲料生产中维生素 K_3 有4种剂型：一是以亚硫酸钠为稳定剂，有效成分高，稳定性较差；二是加超量的亚硫酸钠，有效成分低，稳定性较好；三是加亚硫酸钠后进行包被，有效成分约为50%；四是加甲基嘧啶，有效成分为50%，稳定性最好，应用较广。

⑤维生素 B_1。常用的维生素 B_1 添加剂有两种，一种是盐酸硫胺素，一种是单硝酸硫胺素。一般活性成分高于96%都可以在

饲料工业中使用。在干燥环境下稳定，在 pH 值≤3.5 的酸性溶液中很稳定，但容易被亚硫酸盐破坏，因此不能用于含有亚硫酸盐的饲料中。在碱性条件下容易被破坏，在中性或碱性条件下对热敏感。盐酸硫胺素有中等吸潮性，单硝酸硫胺素吸湿性小，稳定性较好。

⑥维生素 B_2。工业生产方法有发酵法和合成法两种工艺，为橘黄色粉状结晶，具有特殊味道和气味。在酸性或中性溶液中稳定性好，但对光和紫外线很敏感。在碱性条件下，遇热与光时稳定性降低。维生素 B_2 的有效成分含量和规格较多，常用的是核黄素含量为96%和55%剂型。高浓度剂型有附着性，低浓度剂型流散性较好。

⑦泛酸。泛酸呈黏性油质，性质不稳定，在配合饲料中不易使用。作为添加剂使用的是泛酸钙。泛酸具有立体异构现象，D型（右旋）生物活性为100%，L型（左旋）无活性。饲料工业生产的有 D-泛酸钙或 DL-泛酸钙。泛酸钙在光与空气中是稳定的，溶液 pH 值在 5~7 时最稳定。D-泛酸钙产品的有效成分含量为98%，DL-泛酸钙产品的有效成分多为90%。DL-泛酸钙具有亲水性，易吸水、易溶于水，放置使用时应严格防潮密封。

⑧烟酸。烟酸添加剂有两种类型：烟酸和烟酰胺，两者的维生素活性计量相同。烟酸为白色或灰白色粉末，稳定性好，1%的水溶液 pH 值为 3.0~4.0。烟酸被动物吸收的形式是烟酸胺，烟酸胺营养作用与烟酸相同。烟酸胺为白色结晶状粉末，水溶液透明无色，pH 值为 6.0~7.5。烟酸本身稳定性好，烟酸胺有异性吸水性，在常温条件下容易起拱、结块，容易和维生素 C 形成黄色结合物，使两者的活性都降低。

⑨胆碱。饲料上最常用的是氯化胆碱，其纯品易吸水，易溶

于水和乙醇，水溶液呈中性。氯化胆碱添加剂有液体和固体粉粒2种形式。液体型氯化胆碱透明无色，具有鱼腥味，有75%和70% 2种类型。固体粉剂含氯化胆碱50%，目前生产中使用较多。

由于吸湿性较强，氯化胆碱需密封保存；且其对维生素A、维生素D_3、维生素K_3、泛酸都有破坏作用，而且它在预混料中的添加量较大，所以如果维生素预混料不是立即使用，不要预先加入氯化胆碱，以免其降低其他维生素的活性，而是在使用时再添加。

此外，还有吡哆醇、生物素、维生素B_{12}、维生素C等维生素添加剂，在生产上一般预先参照各类动物对维生素的需要，拟制出实用性配方，按配方将各种维生素和抗氧化剂或疏散剂加到一起，再加入载体和稀释剂，经充分混合均匀，即成为维生素预混料，方便使用。

2. 非营养性添加剂

非营养性饲料添加剂是指为了保证或改善饲料品质、提高饲料利用率而加入到饲料中的少量或微量物质。

（1）微生态制剂　又称益生素，是一类有益的活菌制剂，目前常用的主要有乳酸杆菌制剂、枯草杆菌制剂、双歧杆菌制剂、链球菌制剂和曲霉菌类制剂等。活菌制剂可维持动物肠道正常微生物区系的平衡，抑制肠道有害微生物繁殖。正常的消化道微生物区系对动物具有营养、免疫、刺激生长等作用，消化道有益菌群对病原微生物的生物具有颉颃作用，对保证动物的健康有重要意义。作为益生素添加剂的活菌制剂不会使动物产生耐药性，不会产生残留，也不会产生交叉污染，因此是一种可望替代抗生素的绿色添加剂。

（2）酶制剂　饲用酶制剂按其特性及作用主要分为两大类：一类是外源性消化酶，包括蛋白酶、脂肪酶和淀粉酶等，其应用的主要功能是补充幼年动物如雏禽体内消化酶分泌不足，以强化生化代谢反应，促进饲料中营养物质的消化与吸收。另一类是外源性降解酶，包括纤维素酶、半纤维素酶、β-葡聚糖酶、木聚糖酶和植酸酶等。这类酶的主要功能是降解动物难以消化或完全不能消化的物质或抗营养物质，提高饲料营养物质的利用率，同时可为开发新的饲料资源开辟新途径。

（3）驱虫保健剂　此类添加剂包括驱蠕虫剂及抗球虫剂。蠕虫种类很多，驱虫药也很多。目前，效果最好的是属于氨基糖苷类抗生素的潮霉素 B 和越霉素 A。抗球虫剂是最主要的驱虫保健添加剂，一类是聚醚类抗生素，一类是合成抗球虫药。由于在抗球虫药剂上存在着耐药虫株问题，所以不可长期使用一种抗虫药，必须交替轮换使用，才能达到良好的防治效果。

（4）饲料保存剂　为了保证饲料品质，有必要在饲料中添加各种饲料保存剂，主要是抗氧化剂与防霉剂。抗氧化剂主要用于含有高脂肪的饲料中，以防止脂肪氧化酸败变质，也常用于含维生素的预混料中，它可防止维生素的氧化失效。乙氧基喹啉（EMQ）是目前应用最广泛的一种抗氧化剂，国外大量用于原料鱼粉中。饲料防霉剂是一种抑制霉菌繁殖、消灭真菌，防治饲料发霉变质的有机化合物。防霉剂的种类较多，主要使用的是苯甲酸及其盐、山梨酸、丙酸与丙酸钙。由于苯甲酸存在着叠加性中毒，有些国家和地区已禁用。丙酸及其盐是公认的经济而有效的防霉剂。

（5）饲料风味剂　饲料风味剂主要有香料和调味剂 2 种。许多实验表明，饲料风味剂不仅可改善饲料适口性，增加动物采食量，而且可促进动物消化吸收，提高饲料利用率。目前，广泛使用的有香草醛、丁香醛和茴香醛等。常用的调味剂有甜味剂（例如甘草和甘草酸二钠等天然甜味剂，糖精、糖山梨醇和甘素等人工合成品）和酸味剂（主要有柠檬酸和乳酸）、辣味剂等。

第二节　蛋鸡的营养需要与饲养标准

蛋鸡的营养需要是指每只蛋鸡每天对能量、蛋白质、矿物质和维生素等营养物质的需要量，不同品种、周龄、体重的蛋鸡营养需要有所差异。

一、蛋鸡的营养需要

（一）能量

蛋鸡所需能量来源于饲料中3种有机物：碳水化合物、脂肪和蛋白质，饲料中的水分、矿物质在体内不释放能量。碳水化合物有己糖、蔗糖、麦芽糖和淀粉。淀粉是蛋鸡饲料中最主要的能量来源，生长发育旺盛的鸡，每天所需的能量较多，必须饲喂含淀粉较多的饲料，保证能量的充足供应。鸡对粗纤维的消化能力很低，因此饲料中粗纤维不宜过多，粗纤维能够刺激肠道蠕动，如饲料粗纤维不足，鸡易发生啄羽、啄肛等不良现象，一般饲料中纤维含量在 2.5% ~5% 为宜。脂肪的热能值在三大有机物中最高，其发热量为碳水化合物的 2.25 倍。在产蛋鸡的饲料中添加 1% ~5% 的脂肪，可以提高饲粮的能量水平，对蛋鸡产蛋和提高饲料效率有良好的效果。

蛋用型鸡育雏和育成期均用较高的能量水平，产蛋鸡适当提高饲料的能量水平，可减少每生产单位重量鸡蛋饲料的消耗。蛋鸡笼养时因活动量有限，日粮能量水平比平养时稍低些，可防止过肥或发生脂肪肝。环境条件对蛋鸡能量需要影响较大，如气温、鸡舍的通风隔热条件等都直接影响鸡能量的消耗。冬天气温低耗能多，需要能量较高。因此，蛋鸡对日粮中能量水平的要求随环境变化而有所差异。

（二）蛋白质

蛋白质是由氨基酸构成的一类数量庞大的物质，是动物体细胞和组织结构的重要组成成分。是维持机体正常代谢、生长、繁殖和形成蛋、肉、羽毛等必需的营养物质。饲料中的蛋白质只有经过消化作用后变成氨基酸才能被鸡吸收。目前，已知的氨基酸有20余种，氨基酸可分为必需氨基酸和非必需氨基酸两类。必需氨基酸是指鸡体内不能合成或合成量少，不能满足生产的需要，必须由日粮中提供的氨基酸。对于鸡，必需氨基酸有11种，即甘氨酸、精氨酸、组氨酸、亮氨酸、异亮氨酸、赖氨酸、蛋氨酸、苯丙氨酸、苏氨酸、色氨酸和缬氨酸。虽然从饲料角度讲，氨基酸有必需和非必需之分，但从营养角度讲两者皆为动物所必需。

蛋白质的营养即为氨基酸的营养，蛋白质的利用率取决于日粮氨基酸的成分和含量。因此，给鸡提供蛋白质时，应考虑各种氨基酸的平衡。一般来说，植物性饲料中蛋氨酸和赖氨酸的含量较低，容易缺乏。而动物性饲料中必需氨基酸比较完全，赖氨酸和蛋氨酸的含量较高。因此，在配制日粮时，应注意宜多种饲料配比，使饲料中蛋白质内的氨基酸互相补充，以发挥蛋白质的互补作用，从而提高饲料蛋白质的利用效率。

蛋鸡日龄越低、生长速度越快，所需要的蛋白质就越多。日粮中蛋白质不足或氨基酸不全时，雏鸡生长缓慢，羽毛生长不良；母鸡产蛋率低，蛋重小，种蛋受精率、孵化率低，严重时体重减轻，产蛋停止，甚至死亡。

（三）矿物质

矿物质在蛋鸡体内起着调节渗透压，保持酸碱平衡的作用。矿物质同时又是骨骼、血红蛋白、各种腺体和激素的重要成分，因而是保持鸡正常生活、生产不可缺少的物质。

蛋鸡对钙、磷的需要量很高，钙是骨骼的主要成分。蛋的钙含量也很高，蛋壳主要是由碳酸钙组成。钙在一般的谷物中含量很少，必须注意补充。雏鸡阶段，一般钙、磷正常的供给比例约为 2.2：1，比例过高过低都可能影响到钙、磷的吸收。雏鸡一旦出现缺钙，生长发育必然受阻，容易患佝偻病。在蛋鸡育成阶段，对钙的摄入量要有所控制，不能超过日粮 0.8%～1%。

磷也是骨骼的主要成分，体组织和脏器中含量较多。鸡缺磷时食欲减退、生长缓慢，严重时关节硬化，骨骼易碎。谷物中含磷较多，但鸡对植酸磷利用率较低，对无机磷的利用率较高，因此，日粮中必须补充占总磷 1/3 以上的无机磷。但有报道称，产蛋鸡日粮中可利用磷不应超过 0.35%，否则影响蛋壳质量，破蛋增多。

饲养蛋鸡时，要遵循饲养标准满足钙和磷的需要，同时应注意钙、磷的正常比例，一般雏鸡以（1.1～1.5）：1 为允许范围，以 1.2：1 为宜，产蛋鸡以 4：1 或钙更多些为宜。

食盐主要是满足蛋鸡对钠和氯的需要，它在蛋鸡的血液、胃液和其他体液中含量较多，在蛋鸡生理上起着不可替代的作用，胃液中的盐酸靠食盐生成钠在肠胃中保持着消化道中的碱性，有助于消化酶的活动，正常的生理活动离不开食盐的供给。当食盐不足时，蛋鸡就会出现消化不良，食欲减退，生长发育缓慢的症状，更容易发生啄肛、啄羽、啄趾等恶癖现象。

其他矿物质如铁、铜、锰、锌、硒等以微量元素添加剂的形式补充。微量矿物元素的缺乏一般呈现地区性，应格外注意地区土壤缺乏一种或几种元素时，在配合饲料时要注意添加。

（四）维生素

维生素是存在于天然食物或饲料中，既不能提供能量，也不能形成动物体结构的物质；是鸡健康生长、正常发育和维持生命所必需的营养素。维生素在鸡体内主要以辅酶和催化剂的形式广泛参与体内代谢活动，从而保证鸡体组织器官的细胞结构功能正常。维生素一般分为两大类，即脂溶性维生素和水溶性维生素。脂溶性维生素有维生素 A、维生素 D、维生素 E 和维生素 K。水溶性维生素有 B 族维生素和维生素 C。

当维生素缺乏时，会引起机体内新陈代谢紊乱，表现出各种维生素缺乏症。维生素生理生化作用及缺乏症见表 4-2。

表 4-2 维生素生理生化作用及缺乏症

名称	别名	生理生化功能	缺乏症
维生素 A	视黄醇	骨的生长需要；暗视觉需要（眼内视紫质形成）；保护上皮组织；维持健康（呼吸道、泌尿生殖道、消化道与皮肤）	生长迟缓，体重减轻，食欲丧失，干眼病，夜盲，神经调节不协调，步态蹒跚。公母畜不育，分娩弱胎儿或死胎，繁殖障碍。母兔生出脑水肿的幼兔。雏鸡步履摇摆。母鸡产蛋与孵化率降低
维生素 D	钙化醇	有助于钙、磷的同化与利用，为动物体（包括胎儿）正常的骨骼发育所必需	幼畜佝偻病成畜软骨病雏生长减慢，软骨（佝偻），腿变形。母鸡产薄壳蛋，孵化率低

（续表）

名称	别名	生理生化功能	缺乏症
维生素E	生育酚	抗氧化剂；构成肌肉结构有利繁殖	肌肉营养不良（羔羊僵直病与白肌病）。繁殖障碍。雏鸡脑软化（发狂病）。渗出性素质。母鸡产蛋孵化率不良。火鸡的肌胃浸浊
维生素K	凝血维生素	凝血酶的形成与血凝所必不可少	延缓血凝时间，全身出血，严重时死亡
维生素B_1	硫胺素	能量代谢中的辅酶，碳水化合物代谢所必需；促进食欲和正常生活，有助繁殖	食欲减退，体重减轻心血管紊乱，体温降低。雏鸡多发神经炎（头向后仰），母鸡产蛋减少
维生素B_2	核黄素	促生长，作为碳水化合物与氨基酸代谢中某些酶系统的组分而发挥作用	大多数动物生长受阻。马为周期性眼炎（月盲）。成年猪繁殖障碍，幼猪生长慢，贫血，下痢，被毛零乱，眼不透明，步态不正常。禽类出现曲爪麻痹
泛酸	维生素B_3	能量代谢所需的辅酶A的成分	各种动物表现生长迟缓、脱毛与肠炎。幼年反刍动物缺乏时表现被毛粗乱、皮炎、不食、眼周围脱毛。猪出现"鹅步"。鸡发生皮炎，胚胎死亡。狗呕吐，肝发生脂肪浸润
胆碱	维生素B_4	有关神经冲动的传导和磷脂的成分；供给甲基	多数动物出现脂肪肝肾出血。生长猪有不正常步态，成年母猪繁殖不良。雏鸡滑腱症
烟酸	维生素B_5	辅酶成分；生物化学反应中运输H^+	生长迟缓，食欲减退。猪表现下痢，呕吐，皮炎，被毛零乱，肠溃疡。鸡出现羽毛生长不良，痂性皮炎。狗表现黑舌病与口腔病
维生素B_6	吡哆醇	蛋白质与氮代谢中作为辅酶；与红细胞形成有关；在内分泌系统中有重要作用	各种家畜表现抽搐。猪不食，生长不良。雏鸡生长迟缓，羽毛不正常。母鸡产蛋减少，孵化率低
生物素	维生素B_7	多种酶系统中的重要组分	猪表现后腿蹄裂与皮炎，饲料利用效率降低雏鸡、雏火鸡有皮炎与滑腱症 母鸡产蛋孵化率降低

（续表）

名称	别名	生理生化功能	缺乏症
维生素 B$_{12}$	钴胺素	几种酶系统中的辅酶与叶酸代谢有密切联系	各种家畜生长迟缓。猪的后腿运动不协调，母猪繁殖障碍。母鸡所生蛋不能孵化
维生素 C	抗坏血酸	形成齿、骨与软组织的细胞间质；提高对传染病的抵抗力	坏血病。齿龈肿胀、出血、溃疡，牙齿松动，骨软

（五）水分

水分在养分的消化吸收、代谢物的排泄、血液循环和调节体温上起着重要作用。水分虽然不能为机体提供能量，但对动物来说，是生命所必需的，也是生物体组织的主要组成部分。初生雏鸡体内水分占体重的 75% ～85%，成年蛋鸡的水分约占体重的 55% ～58%。鸡体内的各种生理代谢都需要水的参与。

研究表明，若蛋鸡失水 10% 时，它的各种代谢活动就会出现紊乱；失水若达到 20%，鸡就会发生死亡。在蛋鸡进入产蛋期间若出现断水 24h，鸡群的产蛋率就可能下降 25% ～30%，即使补水后仍须 20 ～25d 才能恢复到原来的生产水平。限制蛋鸡的饮水，最为明显的影响是降低了鸡群的采食量和生产能力，尿与粪中水分的排出量也会明显下降。

影响蛋鸡饮水量的因素较多，如品种、周龄、生产力、气温、饲料等。在环境因素中，温度对饮水量的影响最大。当气温在 20℃ 以上时，每上升 1℃，鸡的饮水量就增加 7%；当气温从 10℃ 升至 30℃ 时，蛋鸡的饮水量几乎增加 2 倍。在育成期阶段，蛋鸡的饮水量每只每天大约需水 150ml，当鸡群的产蛋率达到 50% 时，需水量则为 200ml/d 左右。夏季气温高，鸡采食量少，饮水增加。笼养鸡往往粪便过稀，适当限制饮水或进行间歇性饮水可防止这种现象而不影响鸡的产蛋量。

鸡的饮水量的变化是反映饲料营养、管理制度以及疾病的灵敏指标。在应激或发生疾病的情况下，饮水量的下降往往早于饲料采食量下降 1~2d。

二、蛋鸡的饲养标准

(一) 饲养标准的概念

根据动物的不同种类、性别、年龄、体重、生产目的和水平，以生产实践中积累的经验，结合能量与物质代谢试验和饲养试验的结果，科学地规定一头动物每天应该给予的能量和各种营养物质的数量标准，称为饲养标准。

(二) 饲养标准的指标

1. 采食量

采食量通常是指蛋鸡在 24h 内所采食的饲料的重量，以干物质或风干物质表示。饲养标准中规定的采食量，是根据蛋鸡营养原理和大量试验结果，科学地规定了蛋鸡不同生长（或生理）阶段的采食饲料重量。蛋鸡的采食量影响其生产性能和饲料转化率；采食量少，生产水平下降，饲料中用于维持的有效能比例增大，饲料转化率降低；反之，采食量过高，体内脂肪沉积过多，不利于饲料转化率的提高。

采食量会随日粮养分浓度不同而有所变化，鸡可根据日粮能量而改变采食量，从而影响蛋白质消耗量。气温适中，按标准饲养条件下中型蛋鸡各周龄平均采食量见表 4 - 3。

表4-3　各周龄蛋鸡参考采食量和目标体重

周龄	饲喂方式	采食量（g）	目标体重（g）
1		14	55
2		19	105
3	自由采食，5周龄后	26	170
4	公雏投料量应比母雏	32	260
5	多4~6g	38	360
6		45	480
7		50	590
8		50~55	690
9		55~60	790
10		60~65	890
11		65~70	990
12	自由采食，根据体重	70~75	1 080
13	变化决定饲料投喂量	70~75	1 160
14		75~80	1 250
15		75~80	1 340
16		80~90	1 410
17		80~90	1 480
18		80~90	1 550
19		90	1 610
20		95	1 660
21		100	1 710
22	自由采食量公鸡应比	105	1 750
23	母鸡少20g左右	110	1 790
24		115	1 830
25周后		120	1 860

2. 能量

由于饲料存在消化利用率问题以及不同动物的消化系统有自身特点，因此就有消化能（DE），代谢能（ME），净能（NE）之说。一般家禽对能量的需要用代谢能表示。

3. 蛋白质和氨基酸

鸡一般用粗蛋白质（CP）表示对蛋白质的需要；饲养标准中列出了必需氨基酸（EAA）的需要量，其表达方式有用每天每头（只）需要多少表示，有用单位营养物质浓度表示等。

对于单胃动物而言，蛋白质营养实际是氨基酸营养，用可利用氨基酸表示动物对蛋白质需要量也将是今后发展的方向。

4. 维生素

蛋鸡饲养标准中列出了部分或全部脂溶性维生素和水溶性维生素的需要量。一般脂溶性维生素需要量用国际单位 IU 表示，而水溶性维生素需要量用 mg/kg 或 μg/kg 表示。

5. 矿物质

常量矿物质元素主要列出了钙、磷、钾、钠、氯需要量，用百分数表达；微量元素列出了铁、锌、铜、锰、碘、硒等需要量，微量元素一般用 mg/kg 表示。

（三）蛋鸡的饲养标准

饲养标准的制订是以鸡的营养需要为基础，鸡的饲养标准很多，不同国家或地区都有自己的饲养标准，大体主要有三大类：一是美国 NRC 标准、英国 ARC 标准等；二是我国结合国内的实际情况，在 1986 年也制定了鸡的饲养标准，后经多次修订，形成目前使用的鸡的饲养标准（NY/T 33—2004）；三是各育种公司制定的品种饲养标准。如加拿大谢佛育种公司、荷兰优利布里德公司等，根据各自向全球范围提供的一系列优良品种，分别制订了其特殊的营养规范要求，按照这一饲养标准进行饲养，便可达到该公司公布的某一优良品种的生产性能指标。有了饲养标准作参考，可以避免实际饲养中的盲目性。目前，以美国的 NRC 参考应用较多。

美国 NRC（1994）建议的蛋鸡营养需要标准见表 4 - 4 和表 4 -5。

表 4 -4　美国 NRC（1994）建议的未成年

来航鸡蛋用鸡日粮中营养成分需要量

营养成分	白蛋壳品系				棕壳蛋品系			
	0 ~ 6周	6 ~ 12周	12 ~ 18周	18周 ~ 产蛋	0 ~ 6周	6 ~ 12周	12 ~ 18周	18周 ~ 产蛋
代谢能（MJ/kg）	11.92	11.92	12.13	12.13	11.72	11.72	11.92	11.92
粗蛋白质（%）	18.00	16.00	15.00	17.00	17.00	15.00	4.00	16.00
精氨酸（%）	1.00	0.83	0.67	0.75	0.94	0.78	0.62	0.72
甘氨酸 + 丝氨酸（%）	0.70	0.58	0.47	0.53	0.66	0.54	0.44	0.50
组氨酸（%）	0.26	0.22	0.17	0.20	0.25	0.21	0.16	0.18
异亮氨酸（%）	0.60	0.50	0.40	0.45	0.57	0.47	0.37	0.42
亮氨酸（%）	1.10	0.85	0.70	0.80	1.00	0.80	0.65	0.75
赖氨酸（%）	0.85	0.60	0.45	0.52	0.80	0.56	0.42	0.49
蛋氨酸（%）	0.30	0.25	0.20	0.22	0.28	0.23	0.19	0.21
蛋氨酸 + 胱氨酸（%）	0.62	0.52	0.42	0.47	0.59	0.49	0.39	0.44
苯丙氨酸（%）	0.54	0.45	0.36	0.40	0.51	0.42	0.34	0.38
苯丙氨酸 + 酪氨酸（%）	1.00	0.83	0.67	0.75	0.94	0.78	0.63	0.70
苏氨酸（%）	0.68	0.57	0.37	0.47	0.64	0.53	0.35	0.44
色氨酸（%）	0.17	0.14	0.11	0.12	0.16	0.13	0.10	0.11
缬氨酸（%）	0.62	0.52	0.41	0.46	0.59	0.49	0.38	0.43

（续表）

营养成分	白蛋壳品系				棕壳蛋品系			
	0~6周	6~12周	12~18周	18周~产蛋	0~6周	6~12周	12~18周	18周~产蛋
亚油酸（%）	1.00	1.00	1.00	1.00	1.00	1.00	1.00	1.00
钙（%）	0.90	0.80	0.80	2.00	0.90	0.80	0.80	1.80
非植酸磷（%）	0.40	0.35	0.30	0.32	0.40	0.35	0.30	0.35
钾（%）	0.25	0.25	0.25	0.25	0.25	0.25	0.25	0.25
钠（%）	0.15	0.15	0.15	0.15	0.15	0.15	0.15	0.15
氯（%）	0.15	0.12	0.12	0.15	0.12	0.11	0.11	0.11
镁（mg/kg）	600.00	500.00	400.00	400.00	570.00	470.00	370.00	370.00
锰（mg/kg）	60.00	30.00	30.00	30.00	56.00	28.00	28.00	28.00
锌（mg/kg）	40.00	35.00	35.00	35.00	38.00	33.00	33.00	33.00
铁（mg/kg）	80.00	60.00	60.00	60.00	75.00	56.00	56.00	56.00
铜（mg/kg）	5.00	4.00	4.00	4.00	5.00	4.00	4.00	4.00
碘（mg/kg）	0.35	0.35	0.35	0.35	0.33	0.33	0.33	0.33
硒（mg/kg）	0.15	0.10	0.10	0.10	0.14	0.10	0.10	0.10
维生素A（IU/kg）	500.00	1 500.00	1 500.00	1 500.00	1 420.00	420.00	1 420.00	1 420.00
维生素D_3（IU/kg）	200.00	200.00	200.00	300.00	190.00	190.00	190.00	280.00
维生素E（IU/kg）	10.00	5.00	5.00	5.00	9.50	4.70	4.70	4.70
维生素K（IU/kg）	0.50	0.50	0.50	0.50	0.47	0.47	0.47	0.47
核黄素（IU/kg）	3.60	1.80	1.80	2.20	3.40	1.70	1.70	1.70
泛酸（IU/kg）	10.00	10.00	10.00	10.00	9.40	9.40	9.40	9.40
尼克酸（IU/kg）	27.00	11.00	11.00	11.00	26.00	10.30	10.30	10.30
维生素B_{12}（IU/kg）	0.01	0.00	0.00	0.00	0.01	0.00	0.00	0.00
胆碱（IU/kg）	1 300.00	900.00	500.00	500.00	1 225.00	250.00	470.00	470.00
生物素（IU/kg）	0.15	0.10	0.10	0.10	0.14	0.09	0.09	0.09
叶酸（IU/kg）	0.55	0.25	0.25	0.25	0.52	0.23	0.23	0.23
硫氨素（IU/kg）	1.00	1.00	1.00	0.80	1.00	1.00	0.80	0.80
吡哆醇（IU/kg）	3.00	3.00	3.00	3.00	2.80	2.80	2.80	2.80
目标体重（g）	450.00	980.00	980.00	1 475.00	500.00	1 100.00	500.00	1 600.00

表 4 - 5 美国 NRC（1994）建议的来航产蛋鸡日粮中营养成分需要量

营养成分	单位	白壳蛋种母鸡	白壳商品蛋鸡	褐壳商品蛋鸡
代谢能	MJ/kg	12.13	12.13	12.13
粗蛋白质	%	15 000	5 000	16 500
精氨酸	%	700	700	770
组氨酸	%	170	170	190
异亮氨酸	%	650	650	715
亮氨酸	%	820	820	900
赖氨酸	%	690	690	760
蛋氨酸	%	300	300	330
蛋氨酸 + 胱氨酸	%	580	580	645
苯丙氨酸	%	470	470	520
苯丙氨酸 + 酪氨酸	%	830	830	910
苏氨酸	%	470	470	520
色氨酸	%	160	160	175
缬氨酸	%	700	700	770
亚油酸	%	1000	1000	1100
钙	%	3250	3250	3600
氯	%	130	130	145
非植酸磷	%	250	250	75
钠	%	150	150	165
钾	%	150	150	165
镁	mg/kg	50	50	55
铜	mg/kg	—	—	—
碘	mg/kg	0.01	0.004	0.004
铁	mg/kg	6	4.5	5
锰	mg/kg	2	2	2.2
硒	mg/kg	0.006	0.006	0.006
锌	mg/kg	4.5	3.5	3.9
维生素 A	IU/kg	300	300	330
维生素 D_3	IU/kg	30	30	33

（续表）

营养成分	单位	白壳蛋种母鸡	白壳商品蛋鸡	褐壳商品蛋鸡
维生素 E	IU/kg	1	0.5	0.55
维生素 K	mg/kg	0.1	0.05	0.055
维生素 B_{12}	mg/kg	0.008	0.0004	0.0004
生物素	mg/kg	0.01	0.01	0.011
胆碱	mg/kg	105	105	115
叶酸	mg/kg	0.035	0.025	0.028
尼克酸	mg/kg	1	1	1.1
泛酸	mg/kg	0.7	0.2	0.22
吡哆醇	mg/kg	0.45	0.25	0.28
核黄素	mg/kg	0.36	0.25	0.28
硫胺素	mg/kg	0.07	0.07	0.08

中国鸡饲养标准（NY/T33—2004）见表4-6、表4-7。

表4-6　生长蛋鸡营养需要

营养指标	单位	0~8 周龄	9~18 周龄	19 周龄至开产
代谢能	MJ/kg（Mcal/kg）	11.91（2.85）	11.70（2.80）	11.50（2.75）
粗蛋白质	%	19	15.5	17
蛋白能量比	g/MJ（g/Mcal）	15.95（66.67）	13.25（55.30）	14.78（61.82）
赖氨酸能量比	g/MJ（g/Mcal）	0.84（3.51）	0.58（2.43）	0.61（2.55）
赖氨酸	%	1	0.68	0.7
蛋氨酸	%	0.37	0.27	0.34
蛋氨酸 + 胱氨酸	%	0.74	0.55	0.64
苏氨酸	%	0.66	0.55	0.62
色氨酸	%	0.2	0.18	0.19
精氨酸	%	1.18	0.98	1.02

（续表）

营养指标	单位	0~8 周龄	9~18 周龄	19 周龄至开产
亮氨酸	%	1.27	1.01	1.07
异亮氨酸	%	0.71	0.59	0.6
苯丙氨酸	%	0.64	0.53	0.54
苯丙氨酸+酪氨酸	%	1.18	0.98	1
组氨酸	%	0.31	0.26	0.27
脯氨酸	%	0.5	0.34	0.44
缬氨酸	%	0.73	0.6	0.62
甘氨酸+丝氨酸	%	0.82	0.68	0.71
钙	%	0.9	0.8	2
总磷	%	0.7	0.6	0.55
非植酸磷	%	0.4	0.35	0.32
钠	%	0.15	0.15	0.15
氯	%	0.15	0.15	0.15
铁	mg/kg	80	60	60
铜	mg/kg	8	6	8
锌	mg/kg	60	40	80
锰	mg/kg	60	40	60
碘	mg/kg	0.35	0.35	0.35
硒	mg/kg	0.3	0.3	0.3
亚油酸	%	1	1	1
维生素 A	IU/kg	4 000	4 000	4 000
维生素 D	IU//kg	800	800	800
维生素 E	IU/kg	10	8	8
维生素 K	mg/kg	0.5	0.5	0.5
硫胺素	mg/kg	1.8	1.3	1.3
核黄素	mg/kg	3.6	1.8	2.2
泛酸	mg/kg	10	10	10
烟酸	mg/kg	30	11	11
吡哆醇	mg/kg	3	3	3
生物素	mg/kg	0.15	0.1	0.1
叶酸	mg/kg	0.55	0.25	0.25
维生素 B_{12}	mg/kg	0.01	0.003	0.004
胆碱	mg/kg	1 300	900	500

注：根据中型体重鸡制定，轻型鸡可酌减10%；开产日龄按5%产蛋率计算

表 4 - 7　产蛋鸡营养需要

营养指标	单位	开产 ~ 高峰期 （ > 85% ）	高峰后 （ < 85% ）	种鸡
代谢能	MJ/kg （Mcal/kg）	11. 29（2. 70）	10. 87（2. 65）	11. 29（2. 70）
粗蛋白质	%	16. 5	15. 5	18
蛋白能量比	g/MJ （g/Mcal）	14. 61（61. 11）	4. 26（58. 49）	15. 94（66. 67）
赖氨酸能量比	g/MJ （g/Mcal）	0. 64（2. 67）	0. 61（2. 54）	0. 63（2. 63）
赖氨酸	%	0. 75	0. 7	0. 75
蛋氨酸	%	0. 34	0. 32	0. 34
蛋氨酸 + 胱氨酸	%	0. 65	0. 56	0. 65
苏氨酸	%	0. 55	0. 5	0. 55
色氨酸	%	0. 16	0. 15	0. 16
精氨酸	%	0. 76	0. 69	0. 76
亮氨酸	%	1. 02	0. 98	1. 02
异亮氨酸	%	0. 72	0. 66	0. 72
苯丙氨酸	%	0. 58	0. 52	0. 58
苯丙氨酸 + 酪氨酸	%	1. 08	1. 06	1. 08
组氨酸	%	0. 25	0. 23	0. 25
缬氨酸	%	0. 59	0. 54	0. 59
甘氨酸 + 丝氨酸	%	0. 57	0. 48	0. 57
可利用赖氨酸	%	0. 66	0. 6	—
可利用蛋氨酸	%	0. 32	0. 3	—
钙	%	3. 5	3. 5	3. 5
总磷	%	0. 6	0. 6	0. 6
非植酸磷	%	0. 32	0. 32	0. 32
钠	%	0. 15	0. 15	0. 15
氯	%	0. 15	0. 15	0. 15
铁	mg/kg	60	60	60
铜	mg/kg	8	8	6

（续表）

营养指标	单位	开产～高峰期（>85%）	高峰后（<85%）	种鸡
锰	mg/kg	60	60	60
锌	mg/kg	80	80	60
碘	mg/kg	0.35	0.35	0.35
硒	mg/kg	0.3	0.3	0.3
亚油酸	%	1	1	1
维生素 A	IU/kg	8 000	8 000	10 000
维生素 D	IU/kg	1 600	1 600	2 000
维生素 E	IU/kg	5	5	10
维生素 K	mg/kg	0.5	0.5	1
硫胺素	mg/kg	0.8	0.8	0.8
核黄素	mg/kg	2.5	2.5	3.8
泛酸	mg/kg	2.2	2.2	10
烟酸	mg/kg	20	20	30
吡哆醇	mg/kg	3	3	4.5
生物素	mg/kg	0.1	0.1	0.15
叶酸	mg/kg	0.25	0.25	0.35
维生素 B_{12}	mg/kg	0.004	0.004	0.004
胆碱	mg/kg	500	500	500

第三节　蛋鸡的日粮配制

一、饲料配方设计原则

为了保证蛋鸡所采食的饲料达到饲养标准的要求，就必须对饲用原料进行相应的选择和搭配。饲料配方的设计涉及多种因素，为了对各种资源进行最佳分配，配方设计应基本遵循以下原则。

（一）营养性与平衡性原则

在设计饲料配方时必须参照饲养标准，按相应的营养需要，首先保证能量、蛋白质及限制性氨基酸，钙、有效磷，地区性缺乏的微量元素与重要维生素的供给量，根据当地饲养水平的高低、家禽品种的优劣和季节等条件的变化，确定实用的营养需要。

在设计配合饲料时，一般把营养成分作为优先条件考虑，确保配制的日粮能够满足动物对于各种营养物质的需要，同时还必须考虑适口性和消化性等方面因素。

（二）科学性原则

饲养标准是对动物实行科学饲养的依据，因此，经济合理的饲料配方必须根据饲养标准所规定的营养物质需要量的指标进行设计。在应用饲养标准时，应对饲养标准进行研究，应根据饲养实践中动物的生长或生产性能等情况做适当的调整。遵循科学性原则即应考虑饲料品质、适口性、原料多样化等因素。

1. 饲料品质

应选用新鲜无毒、无霉变、质地良好的饲料。饲料原料应达到饲用标准，含毒素或抗营养因子的饲料应在脱毒后使用，或控制一定的喂量。

2. 饲料的适口性

饲料的适口性直接影响采食量。应选择适口性好、无异味的饲料。若采用营养价值虽高，但适口性却差的饲料须限制其用量。对适口性差的饲料也可采用适当搭配适口性好的饲料或加入调味剂以提高其适口性，促使动物增加采食量。

3. 原料多样化

不同饲料间养分相互搭配补充，可提高配合饲料的营养价值。比如对于蛋白质而言，多种饲料原料搭配，能起到氨基酸互补的作用，从而改善饲料中氨基酸平衡。

（三）经济性与实用性原则

经济性即考虑经济效益。饲料原料的成本在饲料企业中及畜牧业生产中均占很大比重，在追求高质量的同时，往往会付出成本上的代价。营养参数的确定在参考饲养标准的同时要结合实际。适宜的配合饲料的能量水平，是获得单位畜产品最低饲料成本的关键。因此，能量和蛋白质应控制在合理水平，避免营养过剩。

饲料原料的选用应注意因地制宜和因时制宜。尽量利用当地饲料资源，既要考虑营养价值，又要注意价格低廉，以降低成本。并合理安排饲料工艺流程和节省劳动力消耗，降低生产成本。

（四）可行性原则

即生产上的可行性。配方在原材料选用的种类、质量稳定程度、价格及数量上都应与市场情况及企业条件相配套。产品的种类与阶段划分应符合养殖业的生产要求，还应考虑加工工艺的可行性，避免加工程序的烦琐。

（五）安全性与合法性原则

按配方设计出的产品应严格符合国家法律法规及条例，如营养指标、感观指标、卫生指标、包装等。尤其违禁药物及对动物和人体有害物质的使用或含量应强制性遵照国家规定。配方设计要综合考虑产品对环境生态和其他生物的影响，尽量提高营养物的利用效率，减少动物废弃物中氮、磷、药物及其他物质对人类、生态系统的不利影响。

（六）符合动物消化生理特点

配制的饲料应与动物消化生理特点结合，以提高营养物质消化率。鸡对粗纤维的消化能力差，要适当控制粗饲料的纤维含量，否则会降低蛋鸡采食量，还会影响到饲料的利用率，增加料蛋比。

二、饲料配方设计方法

饲料配方设计方法有多种，常见的有代数法、方形法和试差法。近年来计算机在配方中的应用也越来越广泛。下面重点介绍试差法。

（一）试差法设计配方的方法与步骤

根据饲养标准、饲料原料及饲养经验，先粗略地编制一个配方，然后计算营养价值，并与饲养标准对照。若某种营养指标多余或不足，按多去少补的原则，适当调整饲料配比，反复几次，直到所有营养指标都符合或接近饲养标准要求为止。具体步骤如下：

①根据饲喂对象查阅相应的饲养标准，并结合饲养实践经验对标准进行适当的调整，确定营养需要量。

②根据蛋鸡的消化生理特点，选择适宜的饲料原料。

③查阅饲料原料的营养成分表，并列表（有条件时可实际测定）。

④根据能量和蛋白质的需要量草拟配方，确定所选饲料在配方中的比例。

⑤根据草拟配方，计算主要营养指标的含量，一般先计算能量和蛋白质2个指标。

⑥将计算结果与饲养标准比较，并调整配方，直至能量和蛋白质与标准接近。

⑦计算上述饲料中钙、磷、氨基酸等含量，并与标准比较。

⑧补充矿物质饲料、氨基酸添加剂、微量元素和维生素等添加剂。

⑨列出最终饲料配方和主要营养指标。

(二) 试差法设计配方实例

采用玉米、小麦麸、大豆饼、花生仁饼、鱼粉、磷酸氢钙、石粉及食盐、1%添加剂预混料等为原料，为产蛋高峰期（产蛋率 >85%）的蛋鸡配合饲粮。

①查阅中国鸡饲养标准（NY/T 33—2004），确定营养需要量，见表4-8。

表4-8 产蛋率〉85%的母鸡的营养需要

代谢能 （MJ/kg）	粗蛋白质 （%）	钙 （%）	非植酸磷 （%）	食盐 （%）	蛋氨酸＋ 胱氨酸（%）	赖氨酸 （%）
11.29	16.5	3.5	0.32	0.37	0.65	0.75

②查中国饲料成分及营养价值表，列表于4-9。

表4-9 饲料营养成分

饲料	代谢能 （MJ/kg）	粗蛋白质 （%）	钙 （%）	非植酸磷 （%）	蛋氨酸＋ 胱氨酸（%）	赖氨酸 （%）
玉米	13.56	8.7	0.02	0.12	0.38	0.24
小麦麸	6.78	14.3	0.1	0.24	0.36	0.53
大豆饼	10.54	41.8	0.31	0.25	1.22	2.43
花生仁饼	11.63	44.7	0.25	0.31	0.77	1.32
鱼粉	12.38	64.5	3.81	2.83	2.29	5.22
磷酸氢钙			21.85	18.64		
石粉			35			

③根据设计者的经验，初步拟订配合饲料的配方见表4-10。能量饲料一般占75%~80%，蛋白质饲料占15%~30%，矿物质饲料占1%~10%（产蛋家禽占比例更高些，约10%），而添加剂预混料占1%~5%。

表4-10 初拟日粮及主要营养指标的计算

饲料	比例（%）	代谢能（MJ/kg）	粗蛋白质（%）
玉米	65	13.56×65%=8.81	8.7×65%=5.66
小麦麸	3	6.78×3%=0.20	14.3×3%=0.43
大豆饼	15	10.54×15%=1.58	41.8×15%=6.27
花生仁饼	4	11.63×4%=0.47	44.7×4%=1.79
鱼粉	2	12.38×2%=0.25	64.5×2%=1.29
空白	11		
合计	100	11.31	15.44
标准	100	11.29	16.5
与标准比较	0	0.02	-1.06

④调整：与饲养标准比较结果，蛋白质低于标准，能量略高于标准，需要进行调整。可采用一定比例的花生仁饼替代玉米，替代量可采用以下公式计算：替代量（%）=配方中粗蛋白与标准的差值÷被替代原料与替代原料的粗蛋白的差值。

本例中替代量（%）=1.06÷（0.447-0.087）=2.94，即花生仁饼提高2.94%，玉米降低2.94%。调整后营养成分计算见表4-11。

表4-11 第一次调整后营养成分

饲料	比例（%）	代谢能（MJ/kg）	粗蛋白质（%）	钙（%）	非植酸磷（%）
玉米	62.06	8.42	5.4	0.02×62.06%=0.0124	0.12×62.06%=0.0745
小麦麸	3	0.2	0.43	0.10×3%=0.003	0.24×3%=0.007

（续表）

饲料	比例 （%）	代谢能 （MJ/kg）	粗蛋白质 （%）	钙 （%）	非植酸磷 （%）
大豆饼	15	1.58	6.27	0.31×15%=0.0465	0.25×15%=0.0375
花生仁饼	6.94	0.81	3.1	0.25×6.94%=0.0174	0.31×6.94%=0.0215
鱼粉	2	0.25	1.29	3.81×2%=0.0762	2.83×2%=0.0566
空白	11				
合计	100	11.26	16.49	0.1555	0.1971
标准	100	11.29	16.5	3.5	0.32
与标准比较	0	-0.03	-0.01	-3.3445	-0.1229

⑤用矿物质饲料补充钙磷。与标准比较，非植酸磷含量低 0.1229%，可先用磷酸氢钙补充磷。磷酸氢钙的用量（%）= 0.1229÷0.1864=0.66%。与此同时，钙增加了 0.66%× 21.85%=0.1442%，这样与标准比较，钙还低 3.2003%，可用石粉补充，则需要石粉（%）=3.2003÷0.35=9.14%。调整后营养成分计算见表 4-12。

⑥计算氨基酸的含量，不足部分用氨基酸添加剂补充。

表 4-12　第二次调整后的营养成分

饲料	比例 （%）	代谢能 （MJ/kg）	粗蛋白质 （%）	钙 （%）	非植酸磷 （%）	蛋氨酸+ 胱氨酸（%）	赖氨酸 （%）
玉米	62.06	8.42	5.4	0.0124	0.0745	0.2358	0.1489
小麦麸	3	0.2	0.43	0.003	0.007	0.0108	0.0159
大豆饼	15	1.58	6.27	0.0465	0.0375	0.183	0.3645
花生仁饼	6.94	0.81	3.1	0.0174	0.0215	0.0534	0.0916
鱼粉	2	0.25	1.29	0.0762	0.0566	0.0458	0.1044
磷酸氢钙	0.66			0.1442	0.123		
石粉	9.14			3.199			
食盐	0.37						

（续表）

饲料	比例（%）	代谢能（MJ/kg）	粗蛋白质（%）	钙（%）	非植酸磷（%）	蛋氨酸+胱氨酸（%）	赖氨酸（%）
空白	0.83						
合计	100	11.26	16.49	3.5	0.32	0.5288	0.7253
标准	100	11.29	16.5	3.5	0.32	0.65	0.75
与标准比较	0	-0.03	-0.01	0	0	-0.1212	-0.0247

不足的蛋氨酸可用 98% 的蛋氨酸添加剂来补充：0.1212 ÷ 98% = 0.124%；不足的赖氨酸可用 L - 赖氨酸盐酸盐补充：0.0247 ÷ 78.8% = 0.031%。调整后营养成分计算如表 4 - 12。

⑦列出最终配方：表 4 - 13。

表 4 - 13　最终饲料配方及营养成分

饲料	比例（%）	代谢能（MJ/kg）	粗蛋白质（%）	钙（%）	非植酸磷（%）	蛋氨酸+胱氨酸（%）	赖氨酸（%）
玉米	61.74	8.37	5.37	0.0123	0.0741	0.2346	0.1482
小麦麸	3	0.2	0.43	0.003	0.007	0.0108	0.0159
大豆饼	15	1.58	6.27	0.0465	0.0375	0.183	0.3645
花生仁饼	6.94	0.81	3.1	0.0174	0.0215	0.0534	0.0916
鱼粉	2	0.25	1.29	0.0762	0.0566	0.0458	0.1044
磷酸氢钙	0.66			0.1442	0.123		
石粉	9.14			3.199			
食盐	0.37						
1%添加剂预混料	1						
98%蛋氨酸	0.124					0.1215	
L - 赖氨酸盐酸盐	0.031						0.0244
合计	100	11.21	16.46	3.5	0.32	0.65	0.75
标准	100	11.29	16.5	3.5	0.32	0.65	0.75
与标准比较	0	-0.08	-0.04	0	0	0	0

第四节　蛋鸡饲料配方

　　蛋鸡的饲料配方应根据所饲养品种、饲养水平和饲养规模，按照饲养标准，配制充分满足蛋鸡不同生理阶段对各种营养物质需要的全价饲料。而蛋鸡在不同生长阶段其生理特点有所差异，这就要求饲料配方应根据其生理消化特点而有所变化。只有为蛋鸡提供全价且适应其生长和生产需要的配合饲料，才能保证蛋鸡的生长发育和正常产蛋，为进入产蛋期维持高产奠定坚实的基础。

一、蛋鸡生长期饲料配方

(一) 育雏期蛋鸡 (0~6 周龄)

　　育雏期的重点是保证雏鸡的健康，减少死淘率。在饲料配方设计上应该以高代谢能（11.92MJ/kg）、高蛋白（18% ～ 20%）为特点，其他营养成分也应力求全面均衡。宜采用适口性好、营养浓度高、容易消化吸收的原料，一般不用杂粮、血粉等含抗营养因子或不易消化原料。此外，宜添加抗球虫和防白痢药物饲料添加剂。该阶段饲料配方可参考表 4 – 14。

表 4 – 14　育雏期蛋鸡玉米—豆粕型全价饲料配方示例

原料	配方 I 配合比例（%）	配方 II 配合比例（%）
玉米	60	71
豆粕	15	12
麸皮	10	2
进口鱼粉	10	10

（续表）

原料	配方Ⅰ配合比例（%）	配方Ⅱ配合比例（%）
槐叶粉	3.1	—
苜蓿草粉	—	2
贝壳粉	0.3	—
骨粉	—	2
磷酸氢钙	0.4	—
食盐	0.2	—
复合添加剂	1.0	1.0

（二）育成期蛋鸡（7～18周龄）

育成期蛋鸡的重点是提高鸡群均匀度、增强体质，使鸡群的平均体重达到标准，避免脂肪沉积过多和超重，让鸡群能够均匀一致达到性成熟。在饲料配方上一般采用较低的代谢能（11.51MJ/kg）和粗蛋白质（14%～16%）水平，钙、磷含量略低于育雏期，氨基酸、维生素等也比育雏期和产蛋期都低。该阶段饲料配方可参考表4-15。

表4-15　育成期蛋鸡玉米—豆粕—麸皮型全价饲料配方示例

原料	育成前期（7～12周,%）	育成后期（13～18周,%）
玉米	54.2	58.01
麸皮	11.0	15.1
豆粕	10.5	5
高粱	8.0	4
大麦	7.0	—
葵花仁饼	—	5.0
进口鱼粉	5.5	—
菜籽饼	—	4.71
肉骨粉	1.5	—

（续表）

原料	育成前期（7~12周,%）	育成后期（13~18周,%）
苜蓿草粉	—	4.5
骨粉	1.5	1.4
磷酸氢钙	—	1
石粉	1.0	—
复合添加剂	1.0	1.0
DL-蛋氨酸	0.02	0.03
食盐	0.28	0.25

二、蛋鸡产蛋期饲料配方

（一）预产期蛋鸡（19周龄至5%产蛋率）

预产期蛋鸡各器官系统基本成熟，生理阶段已基本达到性成熟。预产蛋期的重点是促进蛋鸡群适时、一致开产。在饲料配方上的要求与育成后期蛋鸡相似，营养需要量除钙（2%左右）需要量较高外，其他营养指标接近育成期。如果不加细分，该阶段可并入育成期，不宜提前采用产蛋期饲料，饲料配方可参考表4-16。

表4-16 预产期蛋鸡玉米—豆粕型全价饲料配方示例

原料	配方Ⅰ配合比例（%）	配方Ⅱ配合比例（%）
黄玉米	56.1	47.13
豆粕	15	9
麸皮	9	13
碎小麦	7	—
大麦	—	9
高粱	—	10
鱼粉	5	2
槐叶粉	—	6.5
贝壳粉	6.5	—
骨粉	0.5	2.5
食盐	0.4	0.37
复合添加剂	0.5	0.5

（二）产蛋期蛋鸡（5%产蛋率至淘汰）

在饲养实践中产蛋期一般分为产蛋高峰期（5%产蛋率到产蛋率降到80%）和产蛋后期（80%产蛋率到淘汰）两个阶段，一般在产蛋率低于65%后淘汰（饲料配方见表4-17）。产蛋高峰期的重点是保证产蛋高峰的峰值和尽可能延长产蛋高峰的持续时间，产蛋后期的重点是尽可能减缓产蛋率下降的速度。

环境条件对蛋鸡能量需要影响较大，如气温、鸡舍的通风隔热条件等都直接影响蛋鸡能量的消耗。日粮中能量水平应根据气候状况和饲养环境的变化作相应调整（见表4-18）。

表4-17　产蛋期蛋鸡玉米—豆粕—麸皮型全价饲料配方示例

原料	产蛋期（产蛋率65%~80%）	产蛋期（产蛋率高于80%）
玉米	59.5	52.7
麸皮	14	7.0
豆粕	9.2	12
大麦	—	5.0
高粱	—	5.0
花生饼	5.0	—
鱼粉	3.0	8.0
骨粉	1.5	1.5
贝壳粉	6.5	—
石粉	—	7.5
复合添加剂	1	1.0
食盐	0.3	0.3

表4-18　产蛋期蛋鸡夏季、冬季玉米—豆粕—杂粮型全价饲料配方示例

原料	夏季（21周龄至淘汰）	冬季（21周龄至淘汰）
玉米（%）	60.97	61.00
豆粕（%）	15.20	16.83
棉粕（%）	6.00	6.00

（续表）

原料	夏季（21 周龄至淘汰）	冬季（21 周龄至淘汰）
菜粕（%）	3.00	3.00
鱼粉（%）	2.20	—
石粉（%）	8.60	8.40
碳酸氢钙（%）	0.50	0.80
植物油（%）	2.00	1.50
食盐（%）	0.20	0.30
小苏打（%）	0.20	—
1%预混料	1.00	1.00
L-赖氨酸盐（%）	0.05	0.08
DL-蛋氨酸（%）	0.08	0.09

第五章

蛋鸡的饲养管理

第一节　育雏期的饲养管理

育雏期通常是指从出壳到 6 周龄。养鸡成败的关键在于育雏，育雏的好坏直接影响着雏鸡的生长发育、成活率、鸡群的整齐度、成年鸡的抗病力及成年鸡的产蛋量、产蛋高峰持续时间的长短，乃至整个养鸡产业的经济效益。因此搞好雏鸡的饲养管理十分重要。

一、雏鸡的生理特点

（一）对温度反应敏感，既怕冷又怕热

刚出壳的雏鸡神经系统发育不健全，因而体温调节能力差。初生雏鸡个体小，羽毛稀，体温要比正常鸡低 3℃，需到 7～10 日龄趋向正常。在低温下，雏鸡感到寒冷；相反，当环境温度过高时，因鸡无汗腺，不能通过排汗的方式散发体热，雏鸡也会感到不适。总之，雏鸡对温度反应十分敏感，育雏时要严格掌握好育雏温度。

（二）消化系统不健全，生长发育快

雏鸡嗉囊、胃肠的容积都很小，进食量小。而且消化酶分泌

能力不太健全，对饲料的消化能力较差。雏鸡又具有生长发育快的特点，1 周龄体重约为出生重的 2 倍，6 周龄时的体重已达出壳体重的 10~15 倍，平均每周增重 1.6 倍左右。因此，配制雏鸡日粮时力求营养完善而且易于消化。

(三) 对外界反应敏感

雏鸡对外界环境的变化极为敏感，育雏舍内的各种声响、各种新奇的颜色或有陌生人进出都会引起鸡群骚乱不安，影响生长，严重时会因突然受惊吓而相互挤压致死。因此，育雏舍应保持安静，育雏人员应相对稳定，不宜经常更换。

(四) 体小娇嫩，抗病力差

雏鸡体小娇嫩，抵抗力差，很容易因各种微生物的侵袭而感染疾病。因此，育雏时应精心饲养管理，提高雏鸡体质，并认真搞好育雏舍内外的环境卫生，严格执行兽医卫生防疫制度。

二、育雏方式

(一) 平面育雏

平面育雏是指把雏鸡饲养在铺有垫料的地面上或具有一定高度的单层网平面上。前者简称地面育雏，后者简称网上育雏。

1. 地面育雏

根据房舍条件不同，地面育雏时，舍内地面可以是水泥地面、砖地面、泥土地面或炕面。育雏时，在地面铺上干燥、卫生、松软的垫料，常用的垫料有稻草、刨花、锯木屑等。育雏室内设有料槽、饮水器及供暖设备等。这种方式简单易行，无需特殊设备，但由于雏鸡经常与鸡粪接触，容易感染疾病，特别是容易暴发球虫病。此外，地面育雏占地面积大，房舍利用不够经济，还需要较多的垫料。

2. 网上育雏

利用铁丝网或塑料网代替地面，一般网面离地面 50～60cm，网眼为 1.25cm×1.25cm。将雏鸡养在网面上，粪便直接由网眼漏下。因此，雏鸡不与粪便直接接触，有利于防止雏鸡白痢和球虫病。但投资大，对饲养管理技术要求较高。还要注意加强通风，以便排出由于粪便堆积产生的有害气体。

至于平面育雏所采用的供温形式，可根据条件进行选择。常见的供温形式有：保温伞、烟道、火炕、煤炉、热水管、热风炉、红外线灯等。具有一定规模的养殖场，目前广泛使用热风炉采暖系统。热风炉是以空气为介质，煤或油为燃料，采用送风方式，为鸡舍内空间提供无污染的洁净热空气，用于鸡舍的加温。该设备结构简单，热效率高，送热快，成本低。热风出口温度为 80～120℃，热效率达 70% 以上，比锅炉供热成本降低 50% 左右，使用方便、安全，可有效解决鸡舍内通风与保温的矛盾。

（二）立体育雏（笼育）

就是将雏鸡饲养在多层的育雏笼内。育雏笼一般分 3～5 层，采用叠层式。热源可用电热丝、热水管、电灯泡等，也可在育雏室内设火炉或其他取暖设施来提高室温。目前，大多采用能自动控制温度的电热育雏笼。每层育雏笼由 1 组电加热笼、1 组保温笼和 4 组运动笼 3 部分组成，可供雏鸡自由选择适宜的温区。笼底大多采用铁丝网或塑料网，鸡粪由网眼落下，收集在层与层之间的承粪板上，定时清除。饲槽和饮水器可排列在笼门外，雏鸡伸出头即可吃食、饮水。这种设备可以增加饲养密度，有效地利用舍内空间及热源，节省垫料和热能，便于实行机械化和自动化，同时可预防鸡白痢和球虫病的发生和蔓延，但笼育投资大，对营养、通风换气等要求较为严格。由于笼养鸡活动量很有限，饲养密度较大，鸡的体质较差，饲养管理不当时容易得营养缺乏症、笼养疲劳症、啄癖、神经质等各种疾病。

三、育雏前的准备工作

为了使育雏工作能按计划有条不紊地进行，且取得良好的育雏效果，育雏前必须做好以下各方面的工作。

（一）育雏人员的配备

育雏工作是一项非常艰苦而细致的工作，要求育雏人员吃苦耐劳、责任心强，并掌握一定的养鸡知识或经验，还要经常进行适当的专业培训。

（二）育雏计划的拟定

根据房舍、设备条件、饲料来源、资金多少、饲养场主要负责人的经营能力、饲养管理技术水平、市场需求等具体情况，拟定出育雏计划。先确定全年总共育雏的数量，分几批养育及每批的只数规模，然后具体拟订进雏及雏鸡周转计划、饲料及物资供应计划、防疫计划、财务收支计划及育雏阶段应达到的技术经济指标。

（三）育雏舍、育雏器、育雏用具的准备与消毒

育雏舍、育雏器、育雏用具要按育雏计划准备充足。育雏前对育雏室要检修，使育雏室保温良好、干燥、通风换气性能良好、不过于光亮、安静并有利于防疫。对育雏器和加温设备也要进行检修。食、水槽数量要充足、结构要合理、大小要适中，以便于雏鸡采食和饮水。

育雏室及室内所用的用具设备均应在进雏前彻底清洗和消毒。对密闭性能好的育雏室，应用熏蒸法消毒比较方便有效，即进雏前2周把所有的育雏用具清洗后放入育雏室，将门窗全部关

闭，按每立方米空间 15～30ml 福尔马林溶液、7.5～15g 高锰酸钾进行熏蒸（先加高锰酸钾于瓦钵中或陶瓷容器中，然后加入福尔马林），及时关闭门窗，1～2d 后打开门窗通风换气后关闭待用。

（四）饲料、垫料和药品等的准备

育雏前必须按雏鸡的日粮配方准备足够的各种饲料，特别是各种添加剂、矿物质和动物性蛋白质饲料。地面育雏时，还要准备足够的干燥松软、不霉烂、吸水性强的垫料，如木屑、稻草等。此外，还要准备一些常用药品，如消毒药、抗白痢药、抗球虫药物、防疫用的疫苗等。

（五）预热试温

无论采用哪种育雏方式，在进雏前 2～3d 对育雏室和育雏器要预热试温，检查升温、保温情况，以便及时调整，使其达到标准要求。如烟道或煤炉供温，还应注意检查排烟及防火安全情况，以防倒烟、漏烟或火灾。

四、雏鸡的挑选与运输

（一）雏鸡的挑选

选择健康的雏鸡是提高成活率的关键，所以必须对雏鸡加以选择。通常采用"一看、二摸、三听"的步骤选择强雏，淘汰病、弱雏。

一看，就是看雏鸡的精神状态，羽毛整洁和污秽程度，喙、腿、趾是否端正，动作是否灵活，肛门有无白粪粘着。二摸，就是将雏鸡抓到手上，摸膘情、体温和骨的发育情况以及腹部的松软程度、卵黄吸收是否良好、肚脐愈合状况等。三听，就是听雏鸡的鸣叫声。健康雏鸡的叫声明亮清脆，病弱雏鸡的叫声嘶哑或鸣叫不休。

此外，还应结合种鸡群的健康状况、孵化率的高低和出壳时间的迟早来鉴别雏鸡的强弱。一般地，来源于高产健康种鸡群、孵化率比较高、正常出壳时间里出壳的雏鸡质量较好，来源于病鸡群、孵化率较低的、过早或过迟出壳的雏鸡质量较差。

初生雏鸡的分级标准见表5－1。

表5－1 初生雏鸡的分级标准

鉴别项目	强雏特征	羽雏特征
精神状态	活泼健壮，眼大有神	呆立嗜睡，眼小细长
腹部	大小适中，平坦柔软，表明卵黄吸收良好	腹部膨大，突出，表明卵黄吸收不良
脐部	愈合良好，有绒毛覆盖，无出血痕迹	愈合不良，大肚脐，潮湿或有出血痕迹
肛门	干净	污秽不洁，有黄白色稀便
绒毛	长短适中，整齐清洁，富有光泽	过短或过长，蓬乱玷污，缺乏光泽
两肢	两肢健壮，站得稳，行动敏捷	站立不稳，喜卧，行动蹒跚
感触	有膘，饱满，温暖，挣扎有力	瘦弱、松软，较凉，挣扎无力，似棉花团
鸣声	响亮清脆	微弱，嘶哑或尖叫不休
体重	符合品种要求	过大或过小
出壳时间	多在20.5~21d 按时出壳	扫摊雏、人工助产或过早出的雏

(二) 雏鸡的运输

1. 选择好的运雏人员

运雏人员必须具备一定的专业知识和运雏经验，还要求有较强的责任心。

2. 运雏用具的准备

首先应根据路途远近、天气情况、雏鸡数量、当地交通条件等确定交通工具，汽车、轮船、飞机均可采用。但不论是哪一种交通工具，运输途中力求做到稳而快，尽量避免剧烈震动、颠簸。装雏工具最好采用专用雏鸡箱，一般长 50～60cm，宽 40～50cm，高 20～25cm，内分 4 小格，每小格放 25 只雏鸡，每箱 100 只左右。箱子四周有直径 2cm 左右的通气孔若干。冬季和早春运雏，还要带上棉被、毛毯等防寒用品，夏季运雏要带遮阳、防雨用具。所有运雏用具在装雏前，均需严格消毒。

3. 运输时间要适宜

初生雏于毛干并能站稳后即可起运，最好能在出壳后 24～36h 内安全运到饲养地，以便按时饮水、开食。另外，还应根据季节确定启运时间。一般说，冬季和早春运雏应选择中午前后气温相对较高的时间启运；夏季运雏则宜选择在日出前或日落后的早晚进行。

4. 解决好保温与通风的矛盾

这是运雏的关键。如果只重视保温，不注意通风，会使雏鸡受闷、缺氧，甚至导致窒息死亡；相反，只重视通风，忽视保温，会使雏鸡受凉感冒，并容易诱发雏鸡白痢，使成活率下降。因此，装车时，为了使雏鸡箱周围留有通风空隙，应将雏鸡箱错开排放，雏鸡箱的叠放层数也不宜过多。运雏时间尽可能缩短，运雏途中尽量避免长时间停车。冬季运雏时应加盖棉被等保温用品，避免冷风吹进雏鸡箱，但也应注意适当通风，不能盖得过严。夏季运雏时，应该避开酷热的午间或下午，宜在早晚或夜间行车，若用敞篷车运输时，要搭设遮阴棚。运输途中，要勤观察雏鸡动态，一般每隔 0.5～1h 观察一次。如见雏鸡张口抬头、绒毛潮湿，说明温度太高，要注意掀盖降温；如见雏鸡挤堆，并唧唧发叫，说明温度偏低，要加盖保温，并及时将雏鸡堆轻轻搂散。如果运输途中需要长时间停车，最好将雏鸡箱左右、上下进行调换，以防中心层雏鸡受闷而死。

五、育雏期的饲养管理

(一) 及时饮水与开食

1. 饮水

初生雏第一次饮水称为"开水"或"初饮"。给初生雏及时饮水非常重要，第一，刚出壳的雏鸡体内还残留有未吸收完的蛋黄，饮水可以加速机体对蛋黄的吸收利用，有助于雏鸡的食欲，开食后可以帮助饲料的消化吸收，有利于雏鸡的生长发育。第二，育雏室温度较高，空气干燥，雏鸡呼吸和排粪时，会散失大量水分。因此，必须靠饮水来补充以维持体内水的代谢平衡，防止脱水死亡。第三，雏鸡生长发育迅速，也需要大量水分。因此，雏鸡接运回来稍休息后，在开食之前先开水，最好在出壳后12～24h 内开水。1 周龄内饮水中添加5% 葡萄糖＋电解多维或速补、开食补液盐等，其功能主要是保健、抗应激并有利于胎粪排泄。1 周龄后可饮用自来水，应保证不断水和水质的清洁卫生。

饮水器的数量要保证每只雏鸡有1.5～2cm 左右的饮水位置，饮水器应均匀地分布于育雏室或育雏笼内，但要尽量靠近光源、保姆伞等。饮水器的大小及高度应随雏鸡日龄的增长而调整。

一般情况下，雏鸡的饮水量是其采食干饲料的 2～2.5 倍。生产中如发现雏鸡的饮水量突然发生变化，往往是鸡群出现问题的信号。比如，鸡群突然饮水量增加，而且采食量减少，提示可能有球虫病、传染性法氏囊炎等发生，或者饲料中含盐分过高等。

2. 开食与正常饲喂

给初生雏鸡第一次喂料叫开食。开食一般在出壳后 24~36h 进行。开食的饲料要求新鲜，颗粒大小适中，易于雏鸡啄食，营养丰富易于消化。常用的有碎玉米、碎米、小米、碎小麦等，这些开食料喂前最好先用开水烫软、吸水膨胀。大群养鸡也可直接使用混合料或破碎的颗粒饲料直接开食。开食 1~3d 后，应逐步改用雏鸡配合饲料正常饲喂。

为了便于雏鸡采食，开食时应使用浅平食槽，或直接将饲料撒在消毒过的牛皮纸或深色塑料布上。开食时光线应适当增强，使雏鸡容易接近料槽和饮水器，以便及早学会吃食。有条件的可以采用人工引诱的方法尽快地使雏鸡都能吃上饲料。饲喂次数为：第一天 2~3 次，以后每天 5~6 次。42 日龄以后饲喂 3~4 次。每次不宜饲喂太饱，要少添勤喂，以饲喂八成饱为宜。饲喂时要随时注意饲料的消耗变化，饲料消耗过多或过少，都是雏鸡患病的先兆。饲喂时间应相对稳定，不要轻易变动。育雏期要保证每只雏鸡占有 5cm 左右的料槽长度，料槽的高度按雏鸡背高度进行调整。雏鸡的饮水器和喂食器应间隔放开，均匀分布，使雏鸡在任何位置距水、料都不超过 2m。

(二) 控制好育雏室的温度

适宜的温度是雏鸡成活的必要条件。刚出壳的雏鸡绒毛稀短，并且体温调节机能没有健全，对环境温度的变化十分敏感。因此，育雏时一定要为雏鸡提供适宜的温度。适宜的育雏温度因雏鸡的品种、年龄、气候、鸡群大小等的不同而有差异。一般说，育雏初期的温度宜高些，以后随鸡龄的增长而逐步降低；小群饲养比大群饲养高些；夜间比白天高些；阴天比晴天高些。蛋用雏鸡平面育雏时各周龄雏鸡对温度的要求见表 5－2。

表 5 - 2   蛋用型雏鸡对育雏温度的要求

周龄	育雏器的温度（℃）	育雏室的温度（℃）
0 ~ 1	35 ~ 32	24
1 ~ 2	32 ~ 29	24 ~ 21
2 ~ 3	29 ~ 27	21 ~ 18
4 周以后	21	16

　　育雏温度可采用温度计测量。平面育雏时，育雏器的温度是指将温度计挂在育雏器边缘（如保温伞边缘）或热源附近，距离垫料 5cm 处，相当于雏鸡背高的位置所测得的温度。而育雏室的温度是指将温度计挂在远离育雏器或热源、离地面 1m 处所测得的温度。立体笼育时，笼温是指笼内热源区的温度，即离底网 5cm 处的温度，而室温是指笼外离地面 1m 高处的温度。

　　除用温度计测定育雏温度外，还可以通过观察雏鸡的表现来了解育雏温度，以便看鸡施温。看鸡施温就是通过观察雏鸡的精神状态和活动表现，判断雏鸡实际感受到的温度是否适宜，从而及时采取措施，经常保持适宜的温度。如果雏鸡活泼好动，食欲良好，饮水适度，羽毛光顺，饱食后休息时均匀分布在育雏器的周围或育雏笼底网上，睡姿伸展舒适，睡眠安静或者偶尔发出悠闲的叫声，就表明雏鸡所处的环境温度适宜。如果雏鸡行动缓慢，羽毛竖立，身体发抖，缩头闭目，密集地拥挤在热源附近，不敢外出采食，不时发出唧唧的叫声，夜间睡眠不安，表明温度偏低，应该立即搂散集堆雏鸡，采取措施升温保暖。如果雏鸡远离热源，精神不振，嘴脚充血发红，展翅张口呼吸，频频喝水，采食减少，表明温度太高，应该采取缓和措施，慢慢降低温度，但要防止降温过猛，引起雏鸡感冒。如果雏鸡密集拥挤在育雏室的某一侧，发出唧唧叫声，这表明育雏室内有贼风，如间隙风、穿堂风等。此时，亦应将打堆的雏鸡驱散开来，并找出贼风的来源，采取措施减缓贼风侵袭。

（三）控制好育雏室的湿度

育雏室内湿度的高低，对蛋用雏鸡的健康和生长亦有较大的影响。舍内过于干燥，幼雏容易脱水，并影响体内卵黄吸收，同时容易引起舍内尘土飞扬，使雏鸡易患呼吸道疾病。因此，在育雏初期（1～10日龄），由于使用的育雏温度较高，空气相对湿度要求达到60%～65%。方法是在火炉上放置水壶烧开水，以产生水蒸气；或定期向室内空间、地面喷水，或在育雏室内放上湿草捆来提高湿度。到10日龄后，随着年龄增长，体重增加，小鸡的采食量、饮水量、呼吸量、排粪量等都逐日增加，而育雏温度又逐周下降，很容易造成室内潮湿。潮湿环境对雏鸡极为不利，在低温高湿时，雏鸡由于体热散失加快而感到更冷，使御寒能力和抗病力下降；而在高温高湿时，雏鸡闷热难受，身体虚弱，不利于雏鸡生长发育。可见，一方面，高温高湿和低温高湿对雏鸡都是不利的。另一方面，湿度过高时，特别是在垫料潮湿时，有利于各种病原微生物的生长繁殖，这样就会出现雏鸡抗病力降低而病原体却大量繁殖的"敌强我弱"状态，极易引起雏鸡发病。因此，10日龄后育雏室内要注意加强通风，勤换垫料，及时清除粪便，添加饮水时要注意防止水溢于地面或垫料上，尽可能使育雏室内的空气相对湿度控制在55%～60%。

（四）正确解决育雏室内通风与保温的矛盾

雏鸡新陈代谢旺盛，单位体重所需的新鲜空气和呼出的二氧化碳及水蒸气量多，鸡粪中还不停地释放出氨气。不良的舍内环境因素，将给鸡只带来应激，影响鸡只的正常活动，影响机体的生长发育，降低机体免疫功能，增加机体疾病感染几率，使鸡生长发育不同程度地受阻。所以，育雏室应特别注意通风换气，及时排出室内污浊气体，引进室外新鲜空气，保持育雏室空气新鲜，为雏鸡正常生长发育和健康创造良好的条件。

但是，育雏室通风与保温之间常常是矛盾的，为了强调保温，特别是寒冷季节，就要尽可能控制通风，结果育雏室内空气污浊，有害气体浓度过高，导致雏鸡体弱多病，死亡率增加；相反，若通风过度，育雏室内温度大幅度波动，同样会影响雏鸡的生长发育和健康，雏鸡的死亡率也会明显提高。因此，在生产中应该正确解决育雏室通风与保温之间的矛盾，防止顾此失彼。适度规模鸡场采用热风炉供暖，可有效解决通风与保温的矛盾。因为，热风炉是以空气为介质，煤或油为燃料，采用送风方式，为鸡舍内空间提供新鲜、无污染的洁净热空气，用于鸡舍的加温。

（五）严格控制光照时间和强度

光照对雏鸡生长发育也是非常重要的，光照时间长短、强度大小、颜色不同对雏鸡生长及成年后的生产性能都有着很大的影响。因此，养鸡生产中必须控制适宜的光照时间和强度。

育雏期的光照原则是随着雏鸡日龄增长，每天光照时间要保持不变或稍减少，不能增加。因为光照时间过长或逐渐增加，会使鸡提早性成熟，过早开产。而过早开产的鸡，产蛋持久期短，产蛋率低，蛋重小。实际生产中，合理的光照时间一般这样掌握：前3天每天可采用23h的光照，以便使雏鸡尽快熟悉环境，识别食槽、水槽位置。从第4天到开产前，对密闭式鸡舍可采用每天8～10h光照时间，没有遮光设备、不能控制光照时间的开放式鸡舍就采用自然光照。有条件的开放式鸡舍，4日龄以后的光照可以根据当地日照时间的变化来确定：如果本批鸡育成后期处于日照时数逐渐缩短的时期，4日龄以后就采用自然光照；如果本批鸡的育成后期处于日照时数不断增加时期，则要控制光照时间。具体做法有 2 种：一种是渐减光照法，即查出本批鸡达到 20 周龄（种鸡 22 周龄）时当地的白昼长度（如为 11h），然后加 7h 作为第 4 日龄的光照时间（18h），以后每周减少 20min，到 21 周龄（种鸡 23 周龄）以后过渡到产蛋期的光照制度；另一种是恒定给光法，即查出本批鸡达到 20 周龄（种鸡 22 周龄）的白昼长度，从第 4 日龄起就保持这样的光照长度，21 周龄（种用鸡 22 周龄）以后则过渡到产蛋期的光照制度。

光照强度可以这样掌握：第 1 周为 10～20lx，1 周以后以 5～10lx 的弱光为宜。实际生产中，以 15m² 的鸡舍为例，第 1 周用一盏 40W 灯泡悬挂于 2m 高的位置，第 2 周换用 25W 的灯泡就可以了。

（六）掌握适宜的育雏密度

育雏密度就是指育雏室内每平方米地面或笼底面积所容纳的雏鸡只数。密度与育雏室内空气状况、鸡群的整齐度、鸡群中恶癖的发生、房舍的利用率等都有密切的关系。鸡群密度过大，育雏室内空气污浊，二氧化碳含量增加，氨味浓，湿度大，环境卫生差，易感染疾病，雏鸡吃食拥挤，抢水抢食，饥饱不均，鸡群生长发育不整齐，而且还容易引起啄癖。鸡群密度过小，则房舍及设备利用率低，人力增加，育雏成本提高，经济上不合算。

生产实践中应根据雏鸡日龄、品种、饲养方式、季节、鸡舍结构等的不同适当调整密度。一般地，随着雏鸡日龄增长，密度一般适当降低。轻型品种的饲养密度要比中型品种高些。地面散养的密度应小些，网上饲养密度可大些。冬季和早春天气寒冷，气候干燥，饲养密度可高一点，夏、秋季节雨水多，气温高，饲养密度应适当低一些。鸡舍结构条件不良时也应减小饲养密度。

雏鸡的饲养密度见表5-3。

表5-3　雏鸡的饲养密度（只/m²）

周龄 密度	饲养方式 地面平养	网面平养	立体笼育
1~2	30	40	60
3~4	25	30	40
5~6	20	25	30

（七）及时断喙

在雏鸡饲养管理中，由于种种原因，例如育雏密度过大、鸡舍通风不良、饲料搭配不当、光照强度过大等，都会引起雏鸡的啄肛、啄羽、啄趾等恶癖。恶癖一旦发生，很快就会扩散、蔓延，造成鸡群骚乱不安，淘汰率提高，如不及时采取有效措施，将会造成严重的经济损失。所以，一旦发现鸡群中有啄癖现象时，就应该全面检查饲养管理情况，分析导致啄癖的原因，以便及时采取对策，如减弱光照强度、疏散密度、改善通风条件等。实践证明，断喙可以有效地防止啄癖的发生，防止雏鸡扒损饲料，从而提高养鸡经济效益。因此，现代化养鸡中普遍对雏鸡及时断喙。

断喙时间可以根据各鸡场实际情况、断喙技术水平及鸡群实际情况而定。通常分2次进行，第1次在10日龄前后进行，第2次断喙主要是对第1次断喙不成功或重新长出的喙进行修整，通常在10~14周龄进行。断喙可采用专用断喙器或烧热的手术刀、电烙铁等。用专用断喙器断喙时，一手持鸡，并用食指轻按咽喉部，使舌后缩，然后将要切除的鸡喙插入断喙器上的小孔内，由一块热刀片从上向下切，并烧烙 3s 止血即可。切除部位为上喙从喙尖到鼻孔的 1/2 处，下喙从喙尖至鼻孔的 1/3 处，种用小公鸡只去喙尖。在断喙前后 1d 内饲料中适当添加维生素 K，以利凝血，断喙后还应立即供给清洁饮水。此外，断喙后的 2～3d 内，料槽内饲料要加得满些，以利雏鸡采食，减少碰撞槽底。断喙时应注意不能断得过长或将舌尖切去，以免影响雏鸡采食。断喙后还要仔细观察鸡群，对流血不止的鸡只，应重新烧烙止血。

六、雏鸡发病及死亡原因的分析与对策

（一）胚胎病和孵化不良所引起的疾病

1. 营养性病害

常见的有维生素缺乏症，特别是维生素 A、维生素 K、维生素 E、维生素 B_1、维生素 B_2、维生素 B_{12} 的不足；矿物质和微量元素不足，主要是钙、磷不足或不平衡，微量元素锌、锰、硒缺乏；蛋白质及氨基酸缺乏等。

2. 传染性胚胎病

有的从母体进入蛋中传给后代，常见的有鸡白痢、副伤寒、败血霉形体病等，有的通过破损、甚至不破损的蛋壳侵入蛋内，主要是蛋在种蛋收集、贮存、运输或产蛋箱和孵化器中侵污染物而发生。

3. 孵化不善致使雏鸡体弱多病

孵化温度过高或过低，通风换气不足，致使胚胎出壳过早或过迟、卵黄吸收不良、脐环未愈合等造成大批死亡。应采取综合措施：一是给亲代种鸡喂全价饲料；二是提高种鸡饲养管理水平；三是做好种鸡卫生防疫；四是在集蛋、运输、贮存、入孵等过程中做好清洁卫生、消毒工作；五是加强孵化期间的管理，

"看胎施温"使胚胎正常发育。

4. 消毒不严格造成脐部感染

孵化器、育雏室、种蛋及种用具消毒不严，存在各种细菌。措施：对种蛋、孵化器、育雏室及各种用具严格消毒是预防发病的唯一有效手段，最好的消毒方法是用福尔马林熏蒸。

5. 预防白痢病等细菌性疾病

除定期对种鸡进行白痢检疫、严格淘汰阳性鸡、种蛋进行熏蒸消毒外，同时必须在3周龄前的饲料、饮水中添加抗菌药物。

(二) 饲料种类单调，营养不全面

雏鸡消化器官容积小，消化力弱，生长速度快，新陈代谢旺盛。因此，要求饲料体积小而营养丰富。雏鸡营养最为重要，一旦动物性蛋白质、矿物质、维生素、氨基酸不能满足雏鸡的营养需要，就会严重阻碍雏鸡的生长发育，表现体质瘦弱、生长速度缓慢，甚至发生相应的营养缺乏症。要根据雏鸡的营养需要和当地饲料来源、种类，因地制宜地配制全价饲料。

(三) 育雏温度不平稳

育雏温度过高，雏鸡的体热和水分散失受到影响，食欲减退，易患呼吸道疾病，生长发育缓慢，死亡率升高；温度过低，雏鸡不能维持体温平衡，相互挤堆，会导致部分雏鸡呼吸困难，卵黄停止吸收甚至死亡。温度忽高忽低，雏鸡抵抗力下降，白痢病的发病率和死亡率明显提高。因此，要保证雏鸡有适宜的温度，尤其注意后半夜气温下降，人员睡觉后出现育雏舍温度下降，造成雏鸡受凉，引发不必要的雏鸡死亡。

(四) 密度过大和应激等导致聚堆挤压

搬运雏鸡不平稳而堆压，可导致雏鸡死亡；由于密度过大，饲槽和饮水器数量少，放置的位置不当或者断水断料时间过长，再喂水喂料时导致鸡群互相挤压；突然停电熄灯、高强度噪声或窜进野兽等均可引起雏鸡受惊吓而聚堆挤压致死。因此，育雏期间应随着雏鸡日龄的增加，及时调整饲养密度，并根据鸡的品种、大小、强弱的不同进行分群饲养。精心管理，尽可能减少各种应激对雏鸡带来的影响。

(五) 鸡舍卫生差和防疫工作不到位

防疫工作不到位，鸡舍卫生差，病原体和寄生虫卵长期生存，传染病和寄生虫病容易传播，从而导致发病率和死亡率升高。因此，要根据本场的实际情况，制订合理的防疫程序，按时接种疫苗。搞好鸡舍卫生，及时清除舍内粪便和垫料，保持鸡舍干燥，定期对鸡舍、用具进行消毒，再给予药物预防和治疗，就可以有效地控制疾病的传播。雏鸡白痢和球虫病是育雏阶段两大疾病，一定要很好地把握防治的时间和方法，等到病鸡出现症状后才采取有关措施，为时已晚。

(六) 兽害及中毒死亡

要注意猫、狗、鼠等的侵害。用药物治疗和预防疾病时，要准确计算用药量，避免药量过大造成中毒；大群用药时饲料与药必须拌匀；不溶于水的药不宜饮水给药。在服药期间要注意观察鸡的反应，发现有中毒迹象，应立即停药。另外，不用发霉变质的饲料，冬天注意防止煤气中毒。

第二节　育成期的饲养管理

育成鸡一般是指从雏鸡脱温到开产前（通常是 7～20 周龄）的大、中雏鸡。育成期饲养管理的目标是要培育出鸡体健康、体重达标、群体整齐，性成熟一致、符合正常生长曲线的后备母鸡，从而使产蛋期的生产潜力得以发挥。

一、育成鸡的生理特点

育成鸡的羽毛已丰满，具备了调节体温和适应环境的能力，消化机能已健全，采食量增加，骨骼、肌肉都处于生长旺盛时期，沉积钙和脂肪的能力逐渐增强。10周龄后小母鸡性腺开始发育，到后期性器官的发育尤为迅速。如果此阶段继续保持丰富营养，则容易造成过肥或早熟，直接影响今后的产蛋性能和种用价值。因此，在日粮配合上，蛋白质水平和钙不宜过高。育成鸡性腺开始活动，如果饲喂高蛋白饲料，会加快鸡的性腺发育，使鸡早熟，然而鸡的骨骼不能充分发育，致使鸡的骨骼细、体型小、早开产，蛋重小，产蛋持久性差，总产蛋性能下降。而适当降低饲料蛋白质水平和能量浓度，可抑制性腺发育，并保证骨骼充分发育。日粮中钙的给量亦应适当减少，有利于促使小母鸡提高体内保钙能力，以便到产蛋期能较好地利用钙质饲料，满足产蛋需要。

总之，育成鸡的饲养目标是保证骨骼、肌肉的充分发育，适当控制性腺发育，使之具有良好的繁殖体况，以提高开产后的产蛋性能。

二、鸡进舍前的准备工作

从雏鸡舍转入育成鸡舍之前，按照现有雏鸡的数量，准备足够的育成鸡舍，配备好用具。供暖、供水、通风、照明及运输工具等要在进鸡前3d检修、清洗和消毒好。调节好饮水线高度，并检查每个饮水器乳头是否漏水，漏水必须立即修复。将料槽调到适宜的高度，从而使鸡群能够自由的啄食和饮水。育成舍周围环境进行全面的除草消毒，室内高压冲洗，并用10%~20%石灰溶液等消毒剂喷雾或浸泡地面，待干后，室内地面用清水清洗干净，干后待用。平养育成，把饮水线中水排干，小鸡入室前7d可加入浓度10%~20%醋酸，小鸡入室前排干冲洗，笼养育成饮水器用消毒剂消毒清洗。把用具全部放入室内，关闭门窗，每立方米空间用福尔马林15~40ml，7.5~20g高锰酸钾熏蒸12h以上，再打开门窗通风。

准备好一周的雏鸡饲料，以便鸡苗向育成鸡饲料的过渡。转群前2~3d在饲料和饮水中添加多种维生素、电解多维和抗菌药物，提高鸡群抗应激能力，并可防止并发感染。转群前6h停止给料，但要给予充足的饮水。在转入育成鸡舍前1d，应将体弱的雏鸡鸡苗分开管理，从而保障转群之后的工作更加方便顺利。寒冷的冬天或炎热的夏天，在进鸡前2d应对育成鸡舍进行取暖或降温措施，避免鸡群因温差过大导致应激，引起疾病。准备好各种记录表，制作好光照用表。

三、鸡进舍与进舍后的注意事项

掌握好鸡进舍的时间。冬天选晴天，夏天选在早晚凉爽的时间。尽量能在1d内转完，并把体重大小一致的分在一起便于管理。体重轻的可留在育雏室内多饲养1周。转群时防止人为伤鸡。鸡进舍后，必须注意做好如下工作。

（一）临时增加光照
进舍第1天应24h光照，使育成鸡进入新鸡舍能迅速熟悉环境，尽量减少因转群对鸡造成的应激反应。

（二）补充舍温

如在寒冷季节转鸡，舍温低时，应给予补充舍内温度，使舍温达到与转群前温度相近或高 1℃ 左右。这一点，对平养育成鸡更为重要。否则，鸡群会因寒冷拥挤扎堆，引起部分被压鸡窒息死亡。如果转入育成笼，由于每小笼鸡数少，舍温在 18℃ 以上时不必给温。

（三）整理鸡群

转入育成舍后，要检查每笼的鸡数，多则捉出，少则补入，使每笼鸡数符合饲养密度要求；同时要清点鸡数，以便管理。在清点时可将体小、伤残、发育差的鸡捉出另行饲养或处理。

（四）饲料过渡

雏鸡饲料和育成鸡饲料在营养成分和适口性方面有很大的差异，雏鸡经历转群的应激后，在采食、饮水和行为等各方面都受到影响，体重会暂时下降。因此，要做好饲料的过渡工作。第 1 天育雏料和生长期料各 1/2，第 2 天育雏期料减至 40%，第 3 天育雏料减至 20%，第 4 天全部用生长期料。

四、育成鸡的生长发育与体重管理

定期称测体重和控制均匀度是笼养蛋鸡育成期的关键工作。检测鸡群的体重可以了解鸡群的生长发育情况，也是对育成鸡限制饲养时确定喂料量的重要依据。因此，必须定期抽测平均体重，并与标准体重对照，看是否达到标准体重，以便及时调整饲养管理措施。在生产中，轻型蛋鸡一般从 6 周龄开始每隔 1~2 周称重一次，中型蛋鸡有的从 4 周龄后每隔 1~2 周称重一次。抽测体重的比例因鸡群大小不同而异，一般地说，万只鸡群按 1% 抽样，小群则按 5% 抽样，但不能少于 50 只。为了使抽出的鸡群具有代表性，笼养鸡抽样时，应从不同层次的鸡笼抽样、称重，每层笼取样数量应该相等。每次称测体重的时间应安排在相同时间，例如在周末早晨空腹时测定，称完体重喂料。

均匀度是鸡群发育整齐程度、生产性能和饲养管理技术水平的综合指标。所谓鸡群的均匀度，是指鸡群中体重在平均体重±10%范围内的鸡数占抽测鸡数的百分比。例如，某鸡群10周龄平均体重为760g，超过或低于平均体重10%的范围是836~684g。在5000只鸡中以5%抽样得到的250只中，体重在836~684g范围内的有198只，占称重鸡数的百分比为：198/250 = 79.2%，抽样结果表明，这群鸡均匀度为79.2%。一般认为，鸡群的均匀度在10周龄时应至少达到70%，15周龄时至少在达到75%，18周龄时至少要达到80%，同时鸡群的平均体重与标准体重的差异应不超过5%。鸡群的体重有一定的变异范围，变异系数越大，整齐度越差，均匀度越低，其后果便是降低生产性能。

提高鸡群的均匀度首先要定期称重、调群，实行分群管理。即通过定期称重将个体较小或较大的鸡从鸡群中挑出单独饲养，对于患病造成发育迟缓的鸡，应及时淘汰。对个体较小的通过增加营养水平、增加饲喂空间和饮水空间，使其体重迅速增加；对体重过大的进行限饲，减缓生长速度，从而使其生长一致，达到提高均匀度的效果。其次是降低饲养密度，饲养密度是影响鸡群整齐度的关键。当鸡群的均匀度较低而又难以分群时，可以通过降低鸡群饲养密度的方法，提高鸡群的均匀度。

五、育成鸡的限制饲养

限制饲养是指根据育成鸡的营养特点所采取的一种特殊的饲养管理措施，例如控制喂料量、缩短喂料时间、限制日粮中营养物质水平等。其目的是为了提高饲料效能，控制适时开产。

限制饲养的作用主要有：可以节省 10% ~ 15% 的饲料；延迟性成熟，使卵巢和输卵管得到充分发育，机能活动增强，从而提高产蛋性能；可以控制母鸡体重，保持良好的繁殖体况；可以提高种蛋合格率、受精率和孵化率；由于病弱鸡不能耐受限饲而自然淘汰，因此，限制饲养还可以提高产蛋期鸡的存活率。

蛋用鸡一般从第 9 周开始限制饲养，其方法有限时、限量、限质等多种。

限时饲喂：一种是每天限时饲喂，就是在限定时间内喂料，其他时间取走或盖上、吊起料槽。另一种是隔日限饲，就是在喂料日把 2d 的料在 1d 中喂给，而停料日只供给清洁饮水。还可每周停喂 1d 或 2d，一般在周三或周四及周日 2d 不喂料。

限量饲喂：就是不限定时间，但每天每只鸡的平均喂料量只控制在正常采食量的 90%。采用此法，必须先掌握鸡的正常采食量，而且每天的喂料总量应该正确估计或称量，较为麻烦。此外，所喂日粮的质量必须良好，否则因质差量少会使鸡群生长受阻。

限质饲喂：就是降低日粮中某种营养素的水平，达到限制目的。例如喂低能日粮，每千克含代谢能 9.20MJ 左右（正常为 11.09 ~ 11.50MJ），喂低蛋白日粮，粗蛋白质为 9% ~ 11%（正常为 12% ~ 15%），饲喂低赖氨酸日粮，赖氨酸为 0.39%（正常为 0.45% ~ 0.60%）。

生产中可根据鸡群状况、技术力量、鸡舍条件、季节、饲料供应等具体条件确定采用哪种限饲方法。但不管采用哪种方法，限制饲养时都必须注意以下问题。

第一，定期称测体重，掌握好饲料的给量。限饲开始时都必须从鸡群中随机抽出 30 ~ 50 只鸡称重并编号，其后每周或每 2 周称重一次，与标准体重对照差异不超过 ±10% 为正常。如不在此范围内，应酌情增减喂料量。

第二，一定要有足够的食槽、水槽和合理的鸡舍面积，使每只鸡都有机会均等地采食、饮水与活动，防止饥饱不均，发育不齐。

第三，限饲前应断喙，以防啄伤。

第四，遇到不利因素，如接种疫苗、疾病、高温、转群等干扰时，均应暂时停止限饲，待消除影响后再行限饲。

第五，应结合控制光照和少许限制饮水，才能收效更大。

第六，限制饲养应以提高总体经济效益为宗旨，切忌因盲目限饲而加大产品成本，造成过多死亡或降低产品品质。

六、适时性成熟的控制

性成熟的早与迟通常用开产日龄来衡量。过早开产的鸡，产蛋持久性差，产蛋量不高，蛋重小，早产早衰，产蛋鸡死亡率高。相反，由于饲养管理不当，鸡群生长发育过于缓慢，体重过小，不能按时开产和保证以后有较高的产蛋量，同样影响总产蛋量。由此可见，蛋鸡性成熟过早或过晚都会影响鸡的产蛋性能。因此，如何有效地控制育成鸡的开产日龄，对鸡群适时而且集中开产，具有重要的意义。适宜的开产日龄因蛋鸡品种不同而异，一般地说，白壳蛋鸡以 160 ~ 180 日龄、褐壳蛋鸡以 170 ~ 190 日龄开产为宜。

蛋鸡性成熟的迟早受众多因素影响，除遗传因素外，饲料中的蛋白质含量、光照时间长短等饲养管理因素都会影响鸡的性成熟。因此，目前生产实践中常将限饲与光照制度相结合，控制鸡的性成熟。具体方法如下：①蛋鸡从第9周龄开始跟饲，采用限时、限量或限质的方法来适当控制性器官的发育，防止过早性成熟。②控制光照。因为光照也能刺激性器官的发育，所以控制蛋鸡性成熟还应控制光照。蛋鸡育成期的光照时间总的来说应该由长到短或者保持恒定，切忌由短到长。光照的控制方法因鸡舍结构不同而异。育成期的光照强度以 5～10lx 为宜（相当于 2～3W/m²），实际生产中，光照强度亦可因蛋鸡品种、鸡群情况不同而加以调整。例如，当出现啄癖时，可减弱到 1～2W/m²。由于褐壳蛋鸡对光线刺激的敏感性比白壳蛋鸡差，因此，褐壳蛋鸡的光照强度可提高到 3～5W/m²。育成期光照强度可参考表 5－4。

表 5－4　育成期的光照强度

灯泡瓦数（W）	光源亮度（m）	
	用灯罩	不用灯罩
15	1.1	0.6～0.7
25	1.4	0.9
40	2.0	1.4
60	3.1	2.1

灯泡间的距离一般是光源高度的 1.5 倍，例如，当光源高度为 2.1m 时，则灯泡之间的距离为 2.1m×1.5＝3.15m。

七、保持适宜的密度

饲养密度是决定鸡群均匀度的一个重要因素。无论是平养还是笼养，都要保持适宜的饲养密度，这样才能保证鸡群发育均匀。若饲养密过大，会造成舍内空气污浊、鸡群活动受限、鸡群混乱、竞争激烈，采食、饮水都不均匀，生长发育缓慢，个体体重均匀度差，残鸡较多，合格鸡数量减少，鸡群死亡率增加，影响育成计划。密度过小，则饲养成本增加。

适宜的饲养密度要根据鸡舍和设备配置来决定。地面平养，7~14周龄，10~12只/m²，15~20周龄，6~8只/m²；网上平养，7~14周龄，12~14只/m²，15~20周龄，8~10只/m²；立体笼养，7~14周龄，20~24只/m²，15~20周龄，12~16只/m²。

对群养育成鸡还需进行分群，防止群体过大不便管理，每群以不超过500只为宜。

八、加强疫病防制

育成鸡阶段由于喂给低能低蛋白质饲料或实行限制饲养，造成了饲养逆境，鸡体抵抗力下降，病原微生物极易侵袭鸡体引起发病。在此阶段要特别注意鸡新城疫、鸡痘、传染性支气管炎和禽霍乱的发生。多雨季节要做好球虫病的预防。春、秋两季进行驱虫，主要是驱除线虫、绦虫等。应按照制定的免疫程序做好免疫工作，适度规模蛋鸡场，最好进行抗体监测；认真做好消毒工作，每周带鸡消毒1~2次，消毒药物每2周更换一个品种，以免产生耐药性；应拒绝无关人员进入鸡舍；加强日常卫生管理，及时清粪、更换垫料、通风换气、疏散密度，以免造成舍内有毒有害气体含量增高，从而诱发呼吸道疾病；保持环境安静，避免应激。

第三节　产蛋期的饲养管理

蛋鸡产蛋期一般是指20~72周龄左右。蛋鸡产蛋期的饲养目标就是要综合运用现代科技成果和手段，创造最佳的饲养管理条件，使产蛋鸡能够充分发挥出产蛋的遗传潜力，适时开产，及时进入产蛋高峰并维持较长的产蛋高峰期，同时还要努力提高饲料报酬，尽量减少蛋的破损和鸡只死亡。

一、产蛋鸡的生理特点

刚开产的母鸡虽然已性成熟，开始产蛋，但机体还没有发育完全，18周龄体重仍在继续增长，到40周龄时生长发育基本停止，体重增长极少，40周龄后体重增加多为脂肪积蓄。

产蛋鸡富于神经质，对于环境变化非常敏感，产蛋期间饲料配方突然变化、饲喂设备改换、环境温度、通风、光照、密度的改变，饲养人员和日常管理程序等的变换以及其他应激因素都可对蛋鸡产生不良影响。不同周龄的产蛋鸡对营养物质利用率不同，母鸡刚达性成熟时（17~18周龄）成熟的卵巢释放雌性激素，使母鸡贮钙能力显著增加，开产至产蛋高峰时期，鸡对营养物质的消化吸收能力增强，采食量持续增加，到产蛋后期消化吸收能力减弱，脂肪沉积能力增强。

二、转群前的准备工作

转群是鸡饲养管理过程中重要一环，处理不当对鸡将产生较大的应激。这种应激来自两方面，一是转群本身直接产生影响，二是对新的环境不习惯而产生应激。因此，管理人员要力求将以上不良影响减少到最低程度。首先，在转群前要做好以下准备工作：

（一）鸡舍的清理与维修

及时清除舍内粪便，彻底打扫干净，注意死角，以防微生物的滋生。将鸡粪堆放在专门的场地，不能乱堆乱放，贮粪场离鸡的距离要在 50m 以上。将舍内鸡粪清理完毕后，需对鸡舍地面、墙壁和舍顶，尤其墙角缝隙以及笼子上面黏附的粪便，要注意冲洗干净。否则，病原微生物会在适宜的条件下滋生、繁衍、扩散和传播。冲刷时需用清洁、无污染的水源，所用高压水枪的压力需达到 $14kg/m^2$，并注意冲刷舍内死角，如天然气管线、水管线、暖气片及其他设施的隐蔽之处。

鸡舍清理完成后，需由专门维修人员对舍内照明灯具、门窗、鸡笼、喂料机械、供水及饮水设备、通风机械及供暖设施等进行认真维修，保证产蛋鸡上笼后不会因设备维修不善而影响正常生产运行。

（二）鸡舍的消毒

鸡舍清理及设施维修整理工作完成后，需对鸡舍及其内的设施进行严格消毒。消毒包括两大步骤。

1. 喷雾消毒

用爱迪伏、新洁尔灭等灭菌剂对鸡笼、喂料机械等金属设备进行喷雾消毒，用 1% ~2% 的烧碱水对地面、墙壁和门窗等进行喷雾消毒。喷雾消毒时应注意雾滴直径及喷雾水枪的高度，让雾滴在空气中悬浮 30min 以上。

2. 熏蒸消毒

用福尔马林溶液对整个鸡舍密封熏蒸，这是鸡舍消毒的关键。每立方米鸡舍空间用 28ml（或 42ml）的福尔马林溶液加热熏蒸 24h 以上。也可采用福尔马林与高锰酸钾反应法进行蒸气消毒，按每立方米空间 15 ~30ml 福尔马林溶液、7.5 ~15g 高锰酸钾进行熏蒸（先加高锰酸钾于瓦钵或陶瓷容器中，然后加入福尔马林），及时关闭门窗，1 ~2d 后打开门窗通风换气后关闭待用。

为确保消毒效果，熏蒸消毒时，要求鸡舍密封性能好，舍内温度在24℃以上，相对湿度大于75%。

(三) 做好转群的组织工作

转群是一项工作量大，时间紧的突击性任务，必须组织好转群的工作人员，并要避免人员交叉感染。一般将转群人员分成3组：抓鸡组，在原鸡舍抓鸡装笼，运至成鸡舍门口；运鸡组，运输鸡只，不进成鸡舍；接鸡组，将运来的鸡进行质量复查，然后按鸡的大小分别入成鸡笼。

三、转群及转群前后的饲养管理

(一) 转群时间

转群时应选择适宜时间，过早转群，鸡体重小，笼养时常从笼中钻出，到处乱跑，给管理带来不便，甚至会掉入粪沟溺死。转群太晚，由于大部分母鸡卵巢发育成熟，这时因抓鸡、惊吓等原因，易造成卵泡破裂而引起卵黄性腹膜炎。因此，一般是17～18周龄，最迟不能超过20周龄将鸡转到产蛋鸡舍。近年来，由于选育的结果，有些品种鸡的开产日龄提前，转群提前到16周龄进行，但注意此时体重必须达到标准。

(二) 转群时的注意事项

①在转群前6～10h应停料，前2～3d和入舍后3d，饲料内增加1～2倍各种维生素和电解质溶液。转群的当天应连续24h光照，以便使鸡有采食和饮水的足够时间。转群前要在产蛋鸡舍先放好饲料和饮水，保证鸡到舍后就能吃料、饮水，这样鸡群会安静些。

②转群最好在清晨或晚间进行，并尽量减小光照强度，使光线暗一些，减少惊扰。在抓、放鸡时务必轻拿轻放。一般抓鸡的

两脚，不能抓颈、翅、尾部。用装鸡运输箱运鸡，在运输过程中防热、冷、压。育成期笼养的鸡群，应注意转入蛋鸡舍相同层次的鸡笼，以免因层次改变造成不良影响。

③育成鸡转入产蛋鸡舍，无论笼养或平养，总会打乱原来的群序，开始几天鸡群不可避免地处于高度应激状态。上笼后，有些鸡还可能被笼卡住，吊脖、断翅等情况时有发生，体小的可能从笼中跑出。因此，饲养人员要加强管理，上笼时最好不要同时进行防疫注射或断喙，尽可能减少其他应激。转群后1周内力求保持育成期末的饲养管理制度。

④结合转群，对鸡群进行清理和选择。淘汰不合标准的次劣鸡，如体重过轻、残鸡和异性鸡，并彻底清点鸡数。

四、产蛋鸡各阶段的饲养管理

根据鸡群的产蛋情况，将蛋鸡产蛋期分为3个阶段，即从产蛋开始至产蛋率达85%为产蛋前期；产蛋率达85%～90%或以上为产蛋高峰期；产蛋率从高峰期下降至80%以下直到淘汰为产蛋后期。由于各阶段的产蛋率不同，各阶段的鸡对营养和管理的要求也不一样。

（一）产蛋前期的饲养管理

育成鸡转入产蛋鸡舍以后，这一时期是鸡发育的最重要时间，一方面要长身体，增加体重；另一方面又要迅速发育生殖系统，为进入成年产蛋期做准备。开始见蛋以后产蛋率逐日增加，而且上升很快，蛋重也一天比一天大。在这种情况下如果饲养管理工作跟不上，不但延缓了鸡的发育而且使鸡的产蛋性能得不到充分发挥，也就是说达不到应该达到的最高产蛋极限，高峰持续时间也短。

1. 做好转群工作

在转群的前 3 ~ 5d，将产蛋鸡舍准备好并消毒完毕，并在转群前做好后备母鸡的免疫接种、驱虫和修喙工作。

2. 适时更换产蛋料

当鸡群在 17 ~ 18 周龄，体重达到标准，马上更换产蛋料能增加体内钙的贮备和让小母鸡在产前体内贮备充足营养和体力。实践证明，根据体重和性发育，较早更换产蛋料对将来产蛋有利，过晚使用产蛋料会出现瘫痪，产软壳蛋的现象。这一时期鸡的卵巢和第二性征（鸡冠、肉髯）发育很快，采食量显著增加，必须任其自由采食，以满足其营养需要。在喂料方法上，一般有2 种做法：一种是在鸡开产以后随着产蛋率的上升而确定给饲营养水平，即当产蛋率上升一个台阶以后，饲料营养水平才跟上来；另一种是当鸡产蛋率达到 5% ~ 10% 时，就开始饲喂产蛋高峰期的饲料，饲料营养水平走在产蛋率前边，也就是预付饲料，这样有利于将产蛋高峰提上去，不至于因饲料营养水平不够而使鸡不能达到最高的产蛋能力。

3. 创造良好的环境条件

开产是小母鸡一生中的重大转折，是一个很大的应激，在这段时间内小母鸡的生殖系统迅速发育成熟，青春期的体重仍需不断增长，蛋重逐渐增大，产蛋率迅速上升，消耗母鸡的大部分体力，因此，必须尽可能地减少外界对鸡的进一步干扰，减轻各种应激，为鸡群提供安宁稳定的生活环境。产蛋鸡最适合的温度是13 ~ 23℃，冬季最好能保持在 10℃ 以上，夏天最好能保持在 30℃以下。保持室内空气流通、防止各种噪声。保持环境和喂料、饮水、光照等稳定性。

4. 增加光照

转群后，要适当增加光照，以促使鸡性成熟、开产。一般在18周龄时，如果鸡群体重达到标准，可每2周增加光照30min，直到产蛋率达到最高峰时光照总时数达到每天14～16h为止。如果鸡群体重较轻，发育较慢，可在增加喂料的同时推迟到20周龄增加光照时间。在产蛋期间光照的原则是时间不能缩短，强度不能减弱。

（二）产蛋高峰期的饲养管理

在正常的饲养管理条件下，160～170日龄的鸡群产蛋率应达到50%，这一时期产蛋率上升很快，一天一个样，再经过3～4周即可达到产蛋高峰期。产蛋高峰期是鸡产蛋的黄金时期，要加强饲养管理，使其充分地发挥遗传潜力，达到理想的产蛋水平。

尽可能维持鸡舍环境的稳定，减少各种应激因素的干扰。产蛋高峰期的产蛋鸡特别神经质，出现干扰必将影响产蛋甚至难以恢复，会给鸡场带来巨大的经济损失。产蛋高峰期要避免一切应激因素，除本鸡舍的饲养员外，其他人员不准进入鸡舍。饲养员的衣着每天都要同一颜色，换装换色也容易引起惊群。不能断料、断水、断电，舍温不能过高过低，要无噪声，这段时间不要接种疫苗，饲料要全价、稳定，不可轻易改变。

注意在营养上满足鸡的需要，给予优质的蛋鸡高峰料（根据季节变化和鸡群采食量、蛋重、体重以及产蛋率的变化，调整好饲料的营养水平）。产蛋高峰期必须喂给足够的饲料营养，产蛋高峰料的饲喂必须无限制地从产蛋开始到42周龄让鸡自由采食，要使高峰期维持时间长就要满足高峰期的营养需要，能量摄入量是影响产蛋的最重要营养因素，对蛋白质的摄入量反应只有在能量摄入受到限制时才表现显著。蛋白质的摄入量影响蛋重，蛋白质的营养主要是氨基酸的营养，其中含硫氨基酸最为重要，然后是其他必需氨基酸。

(三) 产蛋后期的饲养管理

当鸡群产蛋率由高峰降至80%以下时，就转入了产蛋后期的管理阶段。产蛋后期的鸡群产蛋性能逐渐下降，蛋壳逐渐变薄，破损率逐渐增加。鸡群产蛋所需的营养逐渐减少，多余的营养有可能变成脂肪使鸡变肥。由于在开产后一般不再进行免疫，到产蛋后期抗体水平逐渐下降，对疾病抵抗力也逐渐下降，并且对各种免疫比较敏感。部分鸡开始换羽。针对以上特点，常采取以下饲养管理措施。

1. 限制饲养

母鸡产蛋率与饲料营养、采食量有直接关系，可根据母鸡产蛋率的高低，进行适度的限制饲养。限制饲养有量的限制和质的限制2种方法：量的限制，一般在产蛋高峰期过后2周控制喂料量，即在自由采食量的基础上，减少8%~12%为宜。这样既节省了饲料，又降低了死亡率。质的限制是调整饲料的营养水平，降低日粮中的能量和蛋白质水平，一般能量摄入量可降低9%~10%，蛋白质降至每日每只15~16g。但在调整日粮营养时要注意，当产蛋率刚下降时不要急于降低日粮营养水平，而要针对具体情况进行分析，排除非正常因素引起的产蛋率下降，鸡群异常时不调整日粮。在正常情况下，产蛋后期鸡群产蛋率每周应下降0.5%~0.6%，降低日粮营养水平应在鸡群产蛋率持续低于80%的3~4周以后开始，而且要注意逐渐过渡换料。

2. 适当增加饲料中钙、维生素 D_3 和氯化胆碱的含量

产蛋高峰期过后，蛋壳品质往往很差，破蛋率增加，因此应将饲料中钙的水平从原来的3.5%提高到4%左右。还应注意日粮

中钙源供给形式，每日供应的钙源至少应有 50% 以 3～5mm 的颗粒状形式供给，这样能增加鸡对钙的吸收率。另外，适当提高饲料中维生素 D_3 水平，能促进钙、磷的吸收；在饲料中添加 0.1%～0.15% 的氯化胆碱，可以有效地防止蛋鸡肥胖和形成脂肪肝。

3. 及时剔除病鸡、寡产鸡

及时剔除病鸡、寡产鸡以减少饲料浪费，降低饲料费用。最好能在 55～60 周龄对鸡群逐只挑选，挑出过肥、过瘦及其他有缺陷的鸡，挑出后全部淘汰，以保证鸡群产蛋水平。

4. 加强防疫

在 55～60 周龄对鸡群进行抗体水平监测，对抗体水平较低的鸡群进行免疫接种。

五、产蛋鸡的季节管理

(一) 春季饲养管理要点

春季气候逐渐变暖，日照时间延长，是鸡群产蛋量回升的阶段，但又是大量微生物繁殖的季节，所以春季的饲养管理要点是提高日粮营养水平，满足产蛋需要，逐渐增加通风量，做好卫生防疫工作。

1. 满足产蛋营养需要

春季气温渐升，日照时间渐长，是开放式鸡舍蛋鸡产蛋的旺季，为了充分发挥春季鸡的产蛋潜力，必须适当提高日粮中的营养水平；满足产蛋所需的各种营养物质。母鸡产蛋期要消耗较多的蛋白质，饲料中粗蛋白质的用量要根据产蛋率的提高而增加，一般产蛋率每提高 10%，饲料中可消化蛋白质上升 0.5%，但最高不超过 18.5%。提高矿物质的含量，母鸡产蛋时，对钙的需要量大，因此应将饲料中的钙调整到 3.5% ~ 4%，如发现蛋鸡消化不良，食欲减退等现象要适当将含盐量提高到 0.5%，并相应增加矿物质添加剂的用量。补充维生素饲料，当鸡产蛋增多时，维生素消耗量也增多，所以要增加饲料中多种维生素的用量。

2. 加强环境控制，做好卫生防疫工作

初春时节，乍暖还寒，昼夜温差大（尤其是北方），在逐渐撤去防寒设施的同时，注意避免鸡群受寒，千万不要因管理上省事而放松管理，导致日夜温差过大使雏鸡感冒。加强通风换气，保持舍内正常湿度，同时还要注意保温，要根据气温高低、风力、风向而决定自然通风的开窗时间、次数、大小和方向，这样可避免春季发生呼吸道疾病，又可提高产蛋率。因为连续产卵，鸡群体力消耗很大，体质较弱，各种病原微生物易于孳生繁殖。因此，必须加强鸡群的防疫与卫生保健工作。在天气转暖前对鸡舍进行一次彻底的清扫和消毒。做好新城疫、传染性支气管炎等疫病的抗体监测，发现异常立即免疫，也可以进行预防性投药。

3. 减少脏蛋、破蛋

春季管理上要注意设置充足的食槽、水槽及产蛋箱。食槽、水槽不够时，会影响蛋鸡采食饮水，从而影响产蛋。而产蛋箱少时，脏蛋、破蛋增加；笼养蛋鸡要及时清除底网上的粪便，产蛋箱中的垫料要保持清洁。要勤捡蛋，大群产蛋鸡每天至少要捡蛋四次，且要轻捡轻放，防止蛋的脏污和破损。

4. 及时淘汰病鸡和低产鸡

春季不产蛋的鸡，大多是病鸡和低产鸡，应及时淘汰，以节省饲料。

(二) 夏季饲养管理要点

夏季当气温超过 28℃ 时，鸡食欲差，采食量减少，饮水增多，直接影响产蛋性能，并且很容易造成体质的下降，影响抗病能力。生产上一方面要注意加强管理，改善炎热的环境，想办法维持蛋鸡正常采食量，另一方面在饲养上要注意调整日粮配方，特别是要满足其对蛋白质的需要。

1. 改善鸡舍内外环境，加强通风换气和降温

产蛋鸡理想的环境温度是 13～23℃，在此温度范围内生产性能最佳，环境温度超过 28℃时，鸡就必须用增加呼吸次数来散发体热，随之采食量减少，饮水量增加，粪便变稀，产蛋减少，且蛋变小壳变薄，破蛋增多，给蛋鸡生产带来损失。为使蛋鸡在夏季高温期间保持高产，需采取各种有效的措施，使鸡舍温度保持在 28℃以下。因此，防暑降温是保持高产稳产的关键。具体方法有以下几种。

（1）防暑降温　新建鸡舍应加强鸡舍外围护结构的隔热设计，防止或削弱高温与太阳辐射的影响。屋顶采用浅色光滑外表面，如加喷白漆或涂抹白石灰，以增强屋面反射，减少太阳辐射热的吸收。充分考虑到夏季的通风降温，鸡舍不宜过低，应适当加大屋顶天窗面积，原有鸡舍应尽可能地改善鸡舍小环境。在鸡舍的向阳面搭设遮阳网，避免阳光直射，舍外可适当种植部分藤蔓类植物，在不影响正常通风的前提下，让其攀援在舍顶，遮阴降温。有条件的鸡舍，可设置喷雾降温或湿帘风机降温系统，利用水的蒸发来降低空气的温度。

（2）通风换气　通风是保证鸡舍内环境的重要措施，在持续高温的环境下，通风有利于机体散热，或在鸡舍内安装风机或风扇加大舍内空气流动，排出鸡舍内的温热浊气，使室内温度下降。

（3）适当降低饲养密度　饲养密度大，不利于鸡体散热。夏

季应适当降低鸡群的饲养密度并尽量减少转群、接种疫苗等应激因素的刺激。

（4）及时清粪　鸡粪易发酵产热，且散发有害气体。搞好鸡舍卫生，坚持每天清除舍内鸡粪，如是水泥地面，清粪后尽量加以冲刷，以减少鸡粪在舍内的发酵发热。

2. 合理调整饲料配方，增加饲料营养浓度

在夏季炎热的环境下容易引起蛋鸡生理和代谢发生变化，导致采食量下降，如果温度达到28℃时，温度每升高1℃，采食量下降2%，蛋重就会下降1g，采食量下降，意味着为产蛋所提供的养分摄入量不够，由蛋重的变轻到产蛋率的下降。为了保证多产蛋，必须调整饲料配方。

（1）调整日粮蛋白质和必需氨基酸水平　提高日粮蛋白质含量，虽然可弥补由于采食量降低而导致的蛋白质摄入量减少，但鸡只代谢蛋白质时产生的热增耗也较多。因此，在保证营养需求的前提下，应采取改喂低蛋白质日粮适当补加必需氨基酸（尤其是蛋氨酸和赖氨酸），提高蛋白质利用率。

（2）提高日粮能量水平　虽然蛋鸡在高温季节维持自身所需能量相对较少，但由于采食量的下降，能量摄入量相对不足，容易影响正常生产。实际生产中可添加1%～3%植物油脂以提高能量水平。

（3）调整日粮钙磷水平　在满足营养需求的前提下，钙含量不能过高，以防高钙导致鸡粪水分增加而造成鸡舍内高湿，加剧高温的不利影响；同时日粮有效磷不能偏少，以防发生疲劳症、啄癖及脱肛等。

（4）添加抗热应激药物预防热应激　添加维生素C、维生素E。充足的维生素C可满足鸡体内肉毒碱合成的需要以保证肌肉

的能量供应，并有助于维持鸡只较高的采食量，提高鸡体抗热能力。维生素 E 可维持鸡体血清中皮质醇、甲状腺素和肌酸磷酸激酶含量的相对稳定，以及刺激免疫器官，增强鸡体免疫力，提高抗热能力。维生素 C 添加量以 0.025% ~ 0.04% 为宜；饲料中维生素 E 添加量以 100 ~ 200IU/kg 为宜。添加杆菌肽锌和维吉尼亚霉素。杆菌肽锌能阻断鸡体产热，降低产热量。高温季节，可添加 1% 杆菌肽锌以提高蛋鸡的生产性能。饲料中添加 0.15% 维吉尼亚霉素可适当降低代谢热的产生，减轻热应激。高温条件下，鸡体通过增加呼吸频率散发体热，易导致机体呼吸性碱中毒，饲料中适当添加酸化剂，可及时调节体内 pH 值，维持酸碱平衡，避免或缓解高温环境的不利影响。日粮中柠檬酸添加量以 0.25% 左右为宜，氯化铵添加量以 0.3% ~ 1% 为宜。饲料中添加 0.5% 左右碳酸氢钠能有效地提高鸡对饲料的消化力，加速营养物质的利用和有害物质的排出，并通过调节热应激状态下鸡体内的碱储量，增加鸡只呼出 CO_2 的量而加快散热，提高抗应激能力。

3. 改变喂料程序，合理调整喂料时间

由于夏季中午炎热，鸡的食欲大大降低，而早晚温度较低，食欲较好。因此，要改变饲喂方式，趁早晚两头凉爽的时候多喂料，可于早晨 8:00 前和下午 6:00 以后两个采食高峰期多喂料，让鸡吃饱吃好，并在夜间补喂一次。另外，高温季节喂湿料也能增加采食量，但应注意料槽卫生。

4. 给予充足的清凉饮水

通常鸡的饮水量平均为每只 150 ~ 250ml，水温以 10℃ 左右为宜。夏季鸡的呼吸加快，水的蒸发量大，饮水量增多，因此要保证饮水充足，同时饮水也能起到降温效果，并可适当预防水分过多蒸发引起鸡只脱水。如果 1d 不供水，产蛋量会下降 30%。夏季给蛋鸡补水要特别注重添加维生素 C、电解多维、黄芪多糖等免疫增效剂，防止高温引起的应激反应。白天应使水槽中的清凉饮水长流不断；使用乳头式饮水器时，应每间隔 1h 左右在水管末端放一次水，以保持水管内的饮用水有较低温度。

5. 搞好环境卫生，防止传染病的发生

炎热的夏季是细菌性和病毒性疾病的多发季节，应认真搞好鸡舍内外的环境卫生，并定期进行消毒。确保饲料防湿防潮，不喂霉变饲料。食槽内被水侵蚀的发霉饲料要及时清除，饲料要现用现配。

此外，在高温季节里，蛋鸡自身抵抗力下降，应尽量避免转群运输、接种疫苗等一系列人为应激因素。如实在需要，应尽量选择早、晚天气凉爽时进行，同时可在饲料和饮水中添加适量抗应激药物。

（三）秋季饲养管理要点

秋季日照时间逐渐变短，天气逐渐凉爽，要注意在早晨和夜间补充光照，早秋仍然天气闷热，再加上雨水大，温度高，易发生呼吸道和肠道疾病，白天要加大通风量，饲料中经常投放药物防止发病，夜间防止受凉，适当关窗和减少通风量。

秋季是当年春雏发育成熟逐渐开产的时期，秋季日照时间逐渐缩短，又是去年鸡开始换羽停产的时期。因此，秋季既要做好新开产鸡的饲养管理工作，又要做好换羽鸡的饲养管理工作。

对新开产鸡，除做好调整饲养和日常管理工作外，重点要做好补充光照工作，把鸡群逐渐引向产蛋高峰。对换羽鸡来说，如不准备继续留养，则可加强饲养，并在原光照 14～16h 的基础上，每隔半个月再增加 20～30min，这样人为地推迟换羽时间，以延长产蛋时间，增加产蛋量，等鸡群产蛋率下降到 50% 以下时全群淘汰。

对于准备留养第 2 年的鸡来说，要设法推迟开始换羽的时间和缩短换羽期。具体做法是在未开始换羽前，尽量维持环境的稳定，减少外界条件变化的刺激，日粮中适当减少糠麸饲料；增加维生素饲料。当鸡已经开始换羽时，可适当增加日粮中蛋白质水平，特别是蛋氨酸和胱氨酸的含量，也可补给少量石膏粉，促进羽毛生长，缩短换羽期。

秋季还要做好鸡舍卫生消毒、防疫、接种和驱虫工作，同时还要做好入冬前的防寒准备工作。

（四）冬季饲养管理要点

冬季由于气温低，昼短夜长，母鸡产蛋少甚至停产，因此，冬季对蛋鸡饲养主要注意以下几点。

1. 做好防寒保温工作

蛋鸡产蛋最适宜的温度范围是 13～23℃，低于 5℃，产蛋量明显下降，饲料消耗增加。因此，寒冷季节首先要做好防寒保温工作。

（1）加强鸡舍的防寒设计　新建蛋鸡场，要考虑冬季寒冷程度，选择合适的鸡舍类型。鸡舍建筑时，要加强外围护结构的保温隔热设计，将复合聚苯板、聚氨酯板等新型保温材料应用到屋顶、天棚和墙壁等的保温隔热设计中。

（2）加强防寒管理工作　加强鸡舍入冬前的维修保养，封闭鸡舍四壁和房顶上除换气窗以外的所有空洞和缝隙，修好门窗，杜绝贼风的侵袭。在鸡舍周围设置风障墙以防寒风侵袭。出粪口安装插板，以防冷风进入鸡舍。适当增加饲养密度，地面平养为 6～8 只/m²，三层笼养 18～24 只/m²。加强防潮管理，及时清除鸡粪，减少清洁用水，控制舍内水分蒸发。地面平养蛋鸡，加厚垫料，保持干燥。

（3）有条件的鸡舍，可设置取暖设备　在各种防寒措施仍不能满足舍温需要时，可通过集中采暖或局部采暖等方式加以解决。

2. 人工补充光照

蛋鸡产蛋高峰期间每天需 16h 的光照。寒冷季节昼短夜长，自然光照时间及强度均不足，应人工补充光照。补充光照时光照强度一般控制在 10lx 左右，以 $3W/m^2$ 为宜，将带有灯罩的 60W 以内的灯泡悬吊距地面 2m 的高处，灯与灯之间的距离约 3m，若有多排灯泡，要交错分布，以便使舍内各处光线照射均匀。人工补充光照要有规律性，要按时开灯，准时关灯，并持之以恒。切不可忽早忽晚、忽长忽短，时断时续，以免引起产蛋减少或换羽现象。开灯前，要备好饲料和饮水，以便开灯后鸡采食、饮用。

3. 适当调整日粮配方

寒冷季节气温低，蛋鸡的热能消耗大，为保持高产稳产，要提高日粮的营养水平，增加动物性原料的比例，提高日粮的能量水平，增加玉米等能量饲料的比例，全面满足蛋鸡对蛋白质、矿物质、维生素等的需要。在特别寒冷天气，为了弥补常用饲料配比的能量不足，在日粮中可酌情添加 1% 的油脂，这样既能增加饲料的适口性，又能有效帮助鸡体抵抗寒冷，增加蛋重，提高饲料报酬。

4. 加强通风换气

寒冷季节由于鸡舍封闭严密，饲养密度高，鸡呼吸量大，排泄物多，空气潮湿，氨气、硫化氢、二氧化碳等有害气体的含量增高，易使鸡发生呼吸道疾病，导致产蛋量下降。因此，寒冷季节在保温的同时，必须注意通风换气，降低有害气体的浓度，保持舍内干燥、空气新鲜。勤清除粪便，经常检查饮水器、水槽是否漏水。喂水时水槽不要过满，加强对供水设备的维护，有助于降低湿度和废气量。注意通风换气的时间，尽量在中午较暖和时打开门窗、换气窗通风换气。晴天一般在上午10:00至下午14:00进行通风，连续开窗数次，每次10～30min。必要时，可利用换气扇进行通风。

5. 搞好卫生防疫和消毒工作

寒冷季节蛋鸡容易发生呼吸道病、新城疫等疾病。因此，根据本地区传染病情况和自身实际情况制定合理的防疫程序，定期进行防疫。要认真搞好鸡舍内外、水槽、料槽、用具等的消毒。消毒剂要选用广谱、高效、无毒、无副作用的药物，如百毒杀等。要选择3种以上不同剂型的消毒液交叉轮换使用，以防产生抗药性。一般在气温较高的中、下午进行消毒，正常情况下每周消毒一次，如鸡群发生传染病、舍内温度较低、尘埃较多时每周可消毒2～3次。

六、产蛋鸡的钙质补充

育成期钙的需要量在1%左右，基本上就能满足鸡只生长发育的需要，但进入产蛋期后由于产蛋的需要，钙的需求量明显上升，钙含量要求在3.5%左右，才能满足需要。对于饲料的这种变化，鸡只的各个器官，主要是肠道都会造成巨大的应激。这就需要一个预产期，使饲料的品质逐渐发生变化，钙的含量由低到高，给鸡群以适宜的过程。一般从预产期开始逐渐增加石粉的含量，也就是开产前2周左右，也可以根据鸡群的情况及时的调整补钙的时间。适宜的补钙时间能够增强肠道对钙质的吸收作用和骨骼中钙的储存与沉积作用。补钙过早，骨骼的贮钙和肠道对钙的吸收能力没有得到充分发挥，以至于后期造成骨质疏松，易发生大群的蛋鸡产蛋期疲劳综合征；补钙时间过晚，如开产后再进行补钙，蛋鸡为满足产蛋对钙的需要，就会动员骨骼中的钙质参与蛋壳合成，时间一长，就会使蛋鸡的钙缺乏，导致软骨症、佝偻病和瘫痪等疾病的发生，直接影响产蛋量，而且还会导致产蛋推迟，软壳蛋、无壳蛋明显增多，同时影响后期的产蛋率及蛋壳品质。对于补钙的操作，要注意以下两点。

第一，饲料中的含钙量除了随着产蛋率的变化外，还应该随采食量变化而变化。如夏季天气炎热，鸡的采食量减少，应适当增加饲料中钙的含量，同时，应注意钙磷比例，维生素 D 的补充，可在饲料中加入骨粉、维生素 A、维生素 D_3 粉和浓鱼肝油等。

第二，钙的摄取时间与蛋壳的形成效果有关。钙的摄取最重要的时间是下午，因为蛋壳是在下午开始完成的，午后给予的钙，不需经过骨骼而直接沉积成蛋壳，因此，应在下午把大粒的碳酸钙给产蛋鸡自由采食，为满足蛋壳形成所需要的钙质，可在夜间再补给一部分，按每只鸡每天供给贝壳粉或碳酸钙碎粒 10 ~ 15g 的拌入饲料中或直接置于料槽中让鸡自由采食。

七、产蛋鸡的光照管理

光照对鸡的性成熟、产蛋、蛋重、蛋壳厚度、蛋形成的时间、产蛋时间、产蛋到排卵的间隔时间等都有影响。其影响机制主要是光线的刺激经眼神经叶的神经传导到下丘脑，或光线直接作用于下丘脑，使下丘脑分泌促性腺激素释放激素，此种激素通过垂体门脉系统传至垂体前叶，引起了促卵泡素和排卵激素的分泌。促卵泡素引起卵泡的发育和成熟，在卵泡内形成雌激素，经过血液循环，使输卵管发育并具有功能，使母鸡冠大红艳、耻骨开张等第二性征呈现。同时雌激素还促进钙的代谢，以利于蛋壳的形成。排卵激素则引起母鸡排卵。鸡群进入产蛋期后，光照时间只能逐渐延长或维持恒定，切忌缩短光照时间，光照强度力求保持稳定。具体实施办法是：密闭式鸡舍光照可在原采 8h 的基础上，每周增加 1h，连续 2 周后，再按每周增加 0.5h，直至每天光照 16h 为止，最多不超过 17h，以后保持恒定。开放式鸡舍全靠自然光照，不足部分用人工光照补充，一般于早、晚各开关灯一次，如白天光照时间 12h，尚差 4h，可分别在早晚各增加 2h，合计 16h。也有的安排在每天早晨或晚上一次补给。但不管什么时间补，光照制度一经确定，就应严格执行，不能随意变更，否则将影响产蛋率。

补充光照时，要求电源电压要稳定，经常停电的地区，可设置备用电源。使用白炽灯照明时，白炽灯泡不要用软线吊挂，防止风吹后灯泡晃动使鸡群受惊。白炽灯泡最好设置灯罩聚光，要经常擦掉灯泡上的灰尘。平养鸡舍的各处都应受到光线均匀的照射，食槽与饮水器最好在灯泡的下面。笼养鸡舍，灯泡的行距、跨度等于阶梯笼的宽度，灯泡要安设在走道的上方，行距间的灯泡交错排列，呈锯齿状。产蛋期每天的光照时间只能维持恒定或逐渐增加，切勿逐渐缩短，不能随意改变光线的颜色和开闭灯的时间，否则会引起减产。每天在晚间关灯时，应留一小灯泡不关或用调压变压器先降压，使光线变暗，等鸡上栖架后再按时全部熄灯。

八、克服饲养工艺带来的疾病

笼养蛋鸡由于运动不足而降低体质，对疾病的抵抗力减弱，容易发生脂肪肝综合征、笼养蛋鸡疲劳症、惊恐症和啄癖等。这些病是由于饲养工艺改变而出现的，在平养条件下就很少发生。现在有人把这些笼养条件下出现的病称为"饲养工艺病"。

（一）脂肪肝综合征

脂肪肝综合征又称脂肪肝出血性综合征，是产蛋鸡常见的一种营养代谢性疾病。该病普遍发生于笼养产蛋鸡，已成为许多国家的常见病。我国各地均有发生，发病率常在5%左右，占全部死亡鸡的8%～10%，有的鸡群发病率可高达30%，给蛋鸡业带来重大经济损失。

脂肪肝综合征的表现主要是脂肪在肝细胞内过分堆积，从而影响肝脏的正常功能，严重的甚至引起肝细胞破裂，最终导致肝内出血而死亡。患脂肪肝的鸡群很难出现产蛋高峰，产蛋率一般上升到85%左右，而后逐渐下降。鸡只精神状态良好，有时不表现任何临诊症状而突然死亡。死亡的鸡只表现为鸡冠、肉髯苍白，且一般体重偏大。剖检发现腹腔内脂肪大量沉积，肝脏肿大、出血、质脆并有油腻感。

常见的蛋鸡脂肪肝综合征是由于长期采食过量的能量饲料，再加上笼养鸡的必然性运动过少而产生的。如果这时又发生了饲料中的胆碱、蛋氨酸或维生素 B_{12} 等"抗脂肪肝因子"的缺乏，或者饲料中含有过多的菜粕和黄曲霉毒素，这样就会加速蛋鸡脂肪肝的形成或加重蛋鸡脂肪肝的病情。

该病应以预防为主，发病时辅以药物治疗。常用的防治措施主要有以下几种。

1. 坚持育成期的限制饲喂

育成期的限制饲喂至关重要，一方面，它可以保证蛋鸡体成熟与性成熟的协调一致，充分发挥鸡只的产蛋性能；另一方面它可以防止鸡只过度采食，导致脂肪沉积过多，从而影响鸡只日后的产蛋性能，同时增加鸡只患脂肪肝出血性综合征的可能性。因此，对体重达到或超过同日龄同品种标准体重的育成鸡，采取限制饲喂是非常必要的。国外有报道认为，蛋鸡在 8 周龄时应严格控制体重，不可过肥，否则超过 8 周龄后难以再控制。

2. 严格控制产蛋鸡的营养水平，供给营养全面的全价饲料

处于生产期的蛋鸡，代谢活动非常旺盛。在饲养过程中，既要保证充分的营养，满足蛋鸡生产和维持的各方面的需要，同时又要避免营养的不平衡（如高能低蛋白）和缺乏（如饲料中蛋氨酸、胆碱、维生素 E 等的不足），一定要做到营养合理与全面。

3. 确诊鸡群患有脂肪肝综合征时，应及时找出病因进行针对性治疗

（1）平衡饲料营养　尤其注意饲料中能量是否过高，如果是，则可降低饲料中玉米的含量，改用麦麸代替。另有报道说，如果在饲料中增加一些富含亚油酸的植物油而减少碳水化合物的含量，则可降低脂肪肝出血性综合征的发病率。

（2）补充"抗脂肪肝因子"　主要是针对病情轻和即将发病的鸡群。在每千克饲料中补加氯化胆碱 1 000 mg，维生素 E 10 000IU，维生素 B_{12} 12mg 和肌醇 900mg，连续饲喂 3～4 周，或每只病鸡喂服氯化胆碱 0.1～0.2mg，连喂 10d。

（3）调整饲养管理，适当限制饲料喂量　在不改变饲喂次数的情况下，将日饲喂总量降低 1/5～1/4，鸡群产蛋高峰前限量要小，高峰后可相应增大。

（二）笼养蛋鸡疲劳症

笼养蛋鸡疲劳症是目前集约化笼养蛋鸡生产中常见的一种营养代谢性疾病。该病主要发生于产蛋高峰期的高产蛋鸡群，产蛋

高峰过后一般不再出现。发病时鸡群一般表现正常，采食、饮水、产蛋、精神都无明显异常变化，往往在早晨喂料时发现有死鸡，或有病鸡瘫在笼子里。该病一年四季均可发生，但是往往夏季发生最多。由于以上特征，该病又叫新母鸡病、蛋鸡猝死症等。

缺乏运动及各种原因造成的机体缺钙和体质发育不良是导致该病的直接原因。如饲料中钙的添加不及时；蛋鸡料使用太早，由于过高的钙影响甲状旁腺的机能，使其不能正常调节钙、磷代谢，导致鸡在开产后对钙的利用率降低；钙、磷比例不当；维生素 D 添加不足。产蛋鸡缺乏维牛素 D 时，肠道对钙、磷的吸收减少，血液中钙、磷浓度下降，钙、磷不能在骨骼中沉积，使成骨作用发生障碍，造成钙盐再溶解而发生鸡瘫痪。饲料中缺乏维生素 D 或由于缺乏光照，使体内的维生素 D 含量减少，从而发生体内钙、磷代谢障碍。

患笼养蛋鸡疲劳症的病鸡表现伏卧，排稀便，身体高热，突然怪叫后急性死亡。死鸡往往体况良好，泄殖腔外凸。慢性的，表现精神委顿，病鸡尾部颤抖，嗜睡，鸡冠苍白，有时两腿后伸，颈、翅、腿软弱无力，任人摆布。死鸡无明显变化，卵泡正常，输卵管黏膜干燥，突然死亡的鸡，在子宫部有一硬壳蛋。肠内容物淡黄色，较稀，肠黏膜大量脱落，肠壁松软。正常产蛋鸡的血钙水平为 19～22mg/100ml，而在 12～15mg/100ml 时，就会经常出现瘫痪。病鸡的血钙水平往往降至 9mg/100ml 以下，同群无症状鸡往往也低于正常值。笼养蛋鸡疲劳症的防治措施主要有以下几点。

1. 笼养蛋鸡疲劳症的预防

①保证全价营养和科学管理，使育成鸡性成熟时达到最佳体

重和体况。

②在开产前 2～4 周饲喂含钙 2%～3% 的专用预开产饲料，当产蛋率达到 1% 时，及时换用产蛋鸡饲料。

③高产蛋鸡饲料中钙含量不要低于 3.5%，并保证适宜的钙磷比例。

④给蛋鸡提供粗颗粒石粉或贝壳粉，粗颗粒钙源可占总钙的 1/3～2/3。钙源颗粒大于 0.75mm，既可以提高钙的利用率，还可避免饲料中钙质分级沉淀。炎热季节，每天下午按饲料消耗量的 1% 左右将粗颗粒钙均匀撒在饲槽中，既能提供足够的钙源，还能刺激鸡群的食欲，增加进食量。

⑤平时要做好血钙的监测，当发现产软壳蛋时就应做血钙的检查。

2. 笼养蛋鸡疲劳症的治疗

将症状较轻的病鸡挑出，单独喂养，补充骨粒或粗颗粒碳酸钙，一般 3～5d 可治愈。有些停产的病鸡在单独喂养、保证其能吃料饮水的情况下，一般不超过 1 周即可自行恢复。同群鸡（正常钙水平除外）饲料中添加 2%～3% 粗颗粒碳酸钙，每千克饲粮中添加 2 000IU 维生素 D_3，经 2～3 周，鸡群的血钙就可上升到正常水平，发病率明显减少。钙耗尽的母鸡腿骨在 3 周后可完全再钙化。粗颗粒碳酸钙及维生素 D_3 的补充需持续 1 个月。如果病情发现较晚，一般 20d 才能康复，个别病情严重的瘫痪病鸡可能会死亡。

（三）蛋鸡惊恐症

笼养的蛋鸡特别是轻型蛋鸡有神经质倾向。这种鸡的神经有高度的兴奋性，当遇到某一因素的刺激时，鸡群中突然出现惊恐，整个鸡舍内鸡群骚乱，在笼内拼命挣扎、扑打翅膀，尖叫声此起彼伏。结果有些鸡翅膀折断，有些内脏出血，有些早产无壳蛋，有些甚至造成死亡。惊群的结果，往往使产蛋率降低。

神经质的现象多出现在36～37周龄，或者在产蛋高峰期。网上平养和地面平养鸡较少见。引起神经质的原因有：噪声突发、闪动的光照、断水断料、密度过大、饲养员穿陌生的衣着、鸟类掠过或飞机飞过、饲料中镁含量过多等。

有惊恐症的鸡很神经质，易出现间歇性的"炸群"现象，母鸡高伸头颈，眼睛圆睁，显出高度紧张状态，稍有动静就惊叫乱飞，波及全鸡舍，甚至有时无明显的刺激因子也出现惊群现象。母鸡除发生死伤以外，往往产蛋率下降，出现软壳蛋，破蛋率明显提高，给鸡场带来很大的经济损失。因此，保持安静的环境，避免异常音响、突然的闪光、陌生人或艳装在鸡群中出现，防止鼠、猫和鸟类进入鸡舍骚扰，对减少惊群带来的损失是非常重要的。

对经常发生惊群的鸡群，每吨饲料中加入200g烟酸，能缓解惊群现象的发生。

（四）啄癖

所谓啄癖就是啄肛、啄羽、啄趾等恶习的总称。鸡群中一旦发生啄癖，很快就会蔓延。轻者会啄伤，影响生长、生产，重者还会啄死，造成严重的经济损失，所以，一旦发现啄癖，就应全面检查饲养管理情况，分析原因，并及时采取对策。

1. 引起啄癖的原因

（1）管理因素 饲养密度过大，采食饮水槽位不够。这种情况下，鸡群中强欺弱，造成发育不齐，弱者被啄伤。光照过强，光色不宜，对鸡的刺激性较强，容易诱发啄癖。通风不良，湿度过大。当鸡舍通风不好，空气中氨气、二氧化碳、硫化氢等有害气体浓度过高以及鸡舍内湿度太大时，会破坏鸡的生理平衡，特别是在高温高湿下，鸡显得烦躁不安，啄癖较多。品种不同、日龄不同和强弱不同的鸡同群或同笼饲养时，会诱发啄癖。

（2）营养因素　当日粮中某些营养成分不足，也易引起啄癖。例如，日粮中蛋白质不足，特别是缺少动物性蛋白质饲料或氨基酸不平衡，缺乏含硫氨基酸和蛋氨酸时，容易发生啄羽癖。当日粮中缺乏矿物质，尤其缺乏钙或钙磷比例不当、食盐不足时，可以引起啄羽和食血等恶癖。当日粮中能量高、粗纤维过低时，由于肠蠕动不充分，又容易引起食羽、啄肛等不良现象。

（3）生理因素　例如换羽时由于皮肤发痒，也易引起啄癖。

（4）疾病因素　由于体外寄生虫，引起皮肤发痒。当泄殖腔发生炎症或下痢时，由于炎症或污物的刺激，本身感到不适的鸡自己先啄自己，别的鸡也争着参与。由于产蛋期难产造成泄殖腔外翻、肛门破裂的鸡，最易受到其他鸡的啄斗。

2. 啄癖的防治

鸡群发生啄癖时，首先对已啄伤的鸡应及时隔离治疗，伤面可涂以具有恶臭气味的药物，如鱼石脂、臭药水、紫药水等，以防再度被啄。同时全面检查饲养管理情况，尽快找出发生啄癖的原因，以便及早采取针对性措施，控制啄癖的继续蔓延。

在日常饲养管理中，要注意以下几个方面，以预防啄癖的发生。

①按照饲养标准，配制蛋鸡日粮。配合饲料中，动物性饲料要占5%～10%；增加含硫氨基酸的比例，并保持一定的粗蛋白质水平（雏鸡饲料中占18%～20%，青年鸡饲料中占14%～16%，产蛋鸡饲料中占12%～16%）；矿物质饲料应占3%～4%，食盐占0.3%～0.5%；青饲料或干草粉也要充分供给或补

充维生素添加剂；粗纤维含量以 2.5% ~5% 为宜；在饲料中适当补充砂砾，以助消化。

②鸡舍内温度和密度要适当，地面要干燥，要勤换垫料，通风良好，食槽、水槽要充足，避免强光刺激，只要能使鸡看到吃食、饮水即可。

③不同品种、不同日龄和不同强弱的鸡不要养在一起。

④平养鸡，可在鸡舍内或运动场里设置砂浴池，或在运动场悬挂青饲料，借以增加鸡的活动时间，减少互啄的机会。

⑤及时断喙，是目前防止啄癖的最有效措施。

第四节　蛋鸡的散放饲养

随着社会经济的发展，人民物质生活的不断提高，消费者越来越注重畜禽产品的品质和安全性，绿色的、安全的、无公害化的食品越来越受广大消费者喜欢，放养或散养模式已成为畜禽养殖业的热点。

一、散养蛋鸡的好处

(一) 散养降低生产成本

蛋鸡散养可以节约基本建设投资，节省饲料，降低生产成本投入。散养鸡除了给予其部分全价饲料外，鸡只可以在散养地如果园、桑园、树林、草场、山地、丘陵等采食昆虫、落果、草籽、白蚁、草或在土壤中寻觅到自身所需的矿物质和一些未知的营养物质，既可提高散养鸡的自身抵抗力，又可大大降低饲料添加剂的成本，防病成本和劳动强度，同时也可为果园除虫除草，减少病虫害，大大降低农药、杀虫剂、除草剂的使用。

（二）散养可以提高鸡产品质量

一方面，散养鸡由于活动空间大，散养地水质无污染且有丰富的未知营养物质，散养鸡可以根据自身的需求去环境中主动摄取自身所需的东西。由于采取散养使鸡相对回归于自然，因此其所生产的产品就更加接近自然，如蛋口味更香，蛋壳厚耐储运，鸡肉品质更香。另一方面，散养鸡抗病力强，很少用药，因此散养蛋鸡所产的鸡蛋几乎无任何抗生素、激素及色素残留。鸡的羽毛丰满，色泽光亮，肌肉结实，皮下脂肪沉积均匀，鸡肉色鲜味美，具有较高的滋补作用。因此，散养鸡及鸡蛋在市场上很受消费者的青睐，售价较高。

（三）散养可以提高养鸡的经济效益

集约化和大规模的饲养给禽场建设和禽舍内外环境的控制及其饲养管理造成很大的压力，疾病的感染与发生几率上升，养鸡的生产成本和防疫用药成本上升，长期的用药可能导致鸡体和产出的鸡蛋中药残增多，不利于人类的身体健康。散养可以改善鸡只的生长环境，鸡生活在相对自由的空间中，自由的生活，自由的活动，自由觅食，可以增强鸡体的体质，减少鸡群患病率，减少药费支出。而且由于当前人们对食品的安全性和口味越来越关注，因此散养鸡有较高的经济效益。

（四）散养可以减少环境污染，体现生态环保效益

农村集约化养鸡，鸡粪往往四处乱堆，鸡粪散发的臭气和有毒有害气体常常严重的污染了养殖地区的环境和空气。鸡只散养在果园、树林、山地、荒山等地可大大减少鸡粪、有毒有害气体、苍蝇、蚊子等对村庄和水源的污染。果园的落果、落叶、虫卵成为鸡的食物，散养鸡所产生的鸡粪是很好的有机肥料，有利

于改善散养地的土壤和提高果品的品质。在果园放养土鸡，实行种养结合，达到了果牧双丰收。

二、散养蛋鸡育雏期（室内）饲养管理要点

散养蛋鸡育雏期也是在舍内饲养，因此其饲养管理技术要求与笼养或舍内平养基本差不多。重点要做好以下几方面工作。

（一）雏鸡与进雏时间的选择

养鸡户要根据自己实际情况选择适合散放饲养的优良鸡种。在订购雏鸡前首先要对种鸡场进行考察，关键是看种鸡场对种鸡饲养管理水平如何。购入的雏鸡必须来自于防疫严格、种鸡质量高、抗体水平高、出雏率高的种鸡场，并选择活泼、眼睛有神、大小整齐、腹部收缩良好、脐环闭合完全、无血迹且肛门干净的健康鸡雏。

进雏时间应按育成鸡或产蛋鸡开始散养的季节来确定，一般最好在上一年的9月初至11月初开始育雏，到下一年的2月底或3月初放养，鸡群已接近开产或刚开产，鸡只的所有免疫已基本完成，整个鸡群的抗病力和对外界环境的抵抗力已较强，此时较适合放养。根据散养地的面积和散养蛋鸡成年时占地面积的多少，来确定进雏鸡数量。小型蛋鸡由于体型小、占地面积少、只日采食量少，因此在散养时，可适当增加饲养密度。一般按每公顷果园或林地散养成年矮小型蛋鸡3 000只决定育雏数量。过大不易管理，不易放养；过小成本高，收益低。

（二）做好卫生消毒工作

消毒是预防疾病的一项最有效措施。进鸡前舍内应采取的消毒程序是清扫、冲洗、药液浸泡和熏蒸，消毒后要空舍2周；进雏鸡前5天再一次熏蒸消毒，消毒要彻底，不留死角，要选用低

毒高效的消毒药。进舍后带鸡消毒每周 1 ~ 2 次，常用消毒药有过氧乙酸、百毒杀、毒威等。消毒药要交替使用，以防产生抗药性。雏鸡 10 日龄后随着饮水和采食量的增加，排泄物也随之增多，有害气体如氨气和硫化氢等浓度提高。如果不及时解决，鸡将发生呼吸道、消化道及眼病等，严重者引起死亡。所以要注意舍内卫生，粪便要及时清理，并适当地通风换气，以保证雏鸡健康发育。鸡舍门口设消毒池，消毒池要始终保持着有效的消毒药液；饲养人员进出一定要踏过消毒池，不要跨越；养鸡户之间不要相互到鸡舍参观，以免引起疾病的相互传染。

（三）适时饮水、开食，做好日常饲养工作

雏鸡先饮水后饲喂，经长途运输的雏鸡进入育雏室后，稍加休息即可饮水、一般水温以 18 ~ 22℃ 为最好。为减少运输过程中的应激反应，可饮 5% 的葡萄糖水；育雏鸡前 2 周在饮水中加入抗生素（如蒽诺沙星，氟哌酸等），连饮 5d 以防鸡白痢的发生。一般在饮水 2 ~ 3h 后进行，饲喂时间以出壳后 24 ~ 36h 为宜，最长不超过 48h。最好采用营养丰富、易于啄食和消化的雏鸡全价颗粒料。饲喂时，前 3d 用料盘或白纸，面积越大越好，以后改成喂料器。最初 3d 两小时喂一次，少量勤添，随着鸡日龄的增加，每天饲喂次数减少到 4 ~ 6 次。在 3 日龄，应注意及时将不会吃喝的弱雏挑出，并逐只教会饮水与采食，以提高成活率。

（四）提供雏鸡所需的适宜环境条件

进鸡前 2d 对育雏舍进行预温，舍内温度要达到 32 ~ 33℃，育雏第 1 周温度要控制在 33 ~ 35℃，以后每周温度降低 2 ~ 3℃ 直到 18 ~ 20℃ 为止。育雏舍温度切忌忽高忽低，要适时降温，并根据雏鸡分布状态来调整温度。如雏鸡挤堆，发出尖叫声说明温度低；雏鸡远离热源或张嘴喘说明温度过高；雏鸡安静，均匀分布说明温度适中。一般在 10 日龄前因舍内温度高、干燥、雏鸡的饮水量及采食量非常小，要适当地往地面洒水或用加湿器补湿，将相对湿度控制在 60% ~ 70%。随着雏鸡日龄增加鸡的饮水量、采食量也相应增加，相对湿度应控制在 50% ~ 60%。14 ~ 60 日龄是球虫病易发病期，所以注意保持舍内干燥，防止球虫病发生。合理的密度是鸡群发育良好、整齐度高的重要条件。1 周龄时以 50 ~ 60 只/m²、2 ~ 3 周龄时 30 ~ 40 只/m²、4 ~ 6 周龄时 10 ~ 14 只/m²最好，在保证密度合理的同时也要保证每只鸡的料位和水位充足。否则鸡只抢水、抢料、强欺弱造成鸡群整齐度低，严重影响以后生产性能的发挥。开放鸡舍的光照程序依育雏季节而异。春季育雏，前 3d 23.5h 光照，4 ~ 7d 18h 光照，8d 以后按当地夏至昼长时间补充光照，到夏至以后自然光照，直到 18 周龄以后再按产蛋期逐渐补充光照。总之，育雏育成阶段光照时间应由长变短或保持恒定，绝对不能由短变长，以防过早成熟，影响蛋重和以后的产蛋量。

（五）做好疫病防治工作

要根据当地鸡病流行情况、鸡群状态和疫苗性质等进行免疫。最好通过抗体监测结果确定首免和再免时间，确保雏鸡处于高水平的免疫状态，使雏鸡健康生长。定期在饲料、饮水中加入抗生素类药物和抗球虫药物，有效控制鸡白痢和鸡球虫等疾病。

三、散养蛋鸡育成期（室外散放）饲养管理要点

（一）选择适合放养的场地及搭建鸡舍

在放养地点上，通常选择远离城区、避免污染、环境安宁清洁、有清洁水源、地势较平坦且成片的果园、草场、山坡、丘陵、竹园或林地，这样即保证了鸡在夏天能够避免太阳的暴晒，

给鸡提供遮阴的场所，同时鸡在树下能采食杂草、落叶、落果、树上掉下的虫及虫卵，鸡的粪便通过鸡的翻刨直接混入土壤可进行肥田，形成良性循环。在场地内地势较高、背风向阳、易防兽害和易防疫病的地方搭建鸡舍。为了便于管理，可在鸡舍旁应建值班室和仓库。

（二）加强脱温期管理

3～4周后开始进入脱温饲养，脱温期特别要注意外界气温，内外温差大，鸡的抗逆力低，调节功能差，一时难以适应环境的变化，因此要选择天气暖和的晴天放养，开始几天，每天放养2～4h，以后逐日增加放养时间，使仔鸡逐渐适应环境变化。鸡舍附近需放置若干饮水器和料槽，让鸡自由采食，每天早上不要喂饱，把鸡放出去自由活动，采食天然饲料，太阳下山时将鸡群收回鸡舍并喂饱。刮风下雨天气停止放养，防止淋湿羽毛而受寒发病，同时还要防止天敌和兽害。

（三）定期称重，合理补饲

检测鸡群的体重可以了解鸡群的生长发育情况，也是对散养育成鸡确定喂料量的重要依据。因此，必须定期抽测平均体重，并与标准体重对照，看是否达到标准体重，以便及时调整饲养管理措施。

根据鸡群自由采食程度即嗉囊大小，分别于中午、傍晚适当进行补饲。育成期主要是"生长骨骼拉架子"，因此，要限制喂料，不宜喂富含蛋白质、能量高的配合饲料。补饲可用普通蛋鸡育成鸡料，也可用玉米、谷子、小麦等原粮（为提高消化率，最好将原粮进行粉碎后再喂）；补饲时第1次用一种声音（加哨音、打鼓、敲锣）召集鸡回来，以后使这一声音固定下来，使散养鸡逐渐熟悉并形成条件反射，一旦该种声音响起，放养到各处的鸡就会不顾一切向补饲点集合，这样非常便于管理。补饲量视鸡群发育状况而定，不要喂得太多，7~8成饱即可，不要让鸡体养得太肥，否则会影响产蛋性能。如放养场地内有小水沟、山泉，且水量充足、水质良好，可不考虑饮水问题。否则，应在补饲的同时给鸡补给清洁的饮水。

补饲用的喂料器和饮水器数量要充足，确保补饲时每只鸡都有采食和饮水位置，防止因采食和饮水不均而影响鸡群的整齐度。喂料器和饮水器要定期清洗和消毒，补饲场地也要经常打扫和消毒，确保清洁卫生。

（四）适宜的光照

整个育成期的光照要求与舍饲蛋鸡育成期的要求一样，宜采取逐渐缩短的光照时间，也可完全采用自然光照，天亮放鸡，天黑关鸡。

（五）严格按照免疫程序进行免疫

为防止传染病，育成期内必须严格按照免疫程序进行免疫，特别要及时注射禽流感疫苗，因为放养时很容易和野鸟接触。100d左右的青年鸡，就要进行1~2次驱虫，140日龄左右，鸡体成熟进入产蛋期，要停止驱虫、补种疫苗。

四、散养蛋鸡产蛋期饲养管理要点

（一）合理设置散养鸡舍和产蛋箱

散养鸡舍的建筑和产蛋箱的设计，要因地制宜，建永久式、简易式均可，最好建经济实用型的。鸡舍的走向应以坐北朝南为主，利于采光和保温，大小长度视养鸡数量而定。墙体用砖头垒砌，墙体内侧根基部稍上的地方应留上下两层产蛋窝。散养场舍南边敞门向阳，便于鸡群晚上归舍。产蛋窝如不留在墙体上，可用木枝条编成一定数量产蛋窝固定在鸡舍内的四周或用砖按一定高度沿四周墙边垒成产蛋窝，放上垫料，让鸡只在产蛋时能找到和固定下来。鸡舍的建筑高度 2.5～3m，长度和跨度可根据地势的情况和散养鸡晚上休息的占地空间来确定建筑面积。鸡舍的顶部呈拱形或"人"字形，顶棚建筑应保暖隔热，挡风不漏雨，冬暖夏凉，且造价低。室内地面用灰土压实或素土夯实，地面上可以铺上垫料如稻壳、锯末、秸秆等，也可以铺粗沙土，厚度应适宜。垫料要保持干燥卫生。有条件的地方可在鸡舍内沿墙一侧用竹篱或木棍，设计一定面积的平养架或栖架或在散养舍内铺设一定面积的网床，以利于蛋鸡只晚上回来栖息。

(二) 提高散养蛋鸡产蛋率和产蛋量的技术措施

提高蛋鸡散养情况下的产蛋率和产蛋量，除了严格抓好生长期的体重，特别是 10 周龄以前的体重以及开产体重和均匀度，按集约化饲养蛋鸡育雏和育成的光照原则和光照程序，确保蛋鸡适时开产外，还应做好以下工作。

1. 做好放养训导与调教工作

为尽早使蛋鸡养成到野外觅食的习惯，正式放养前，应根据天气情况每天早晨定时进行放养训练和引导，最好两个人配合，一个人在前边吹哨开道并抛洒饲料（最好用颗粒饲料或玉米颗粒，并避开浓密草丛）让鸡跟随哄抢，另一个人在后面用竹竿驱赶，直到全部进入所要进行的散养区域。为强化效果，每天中午可以在散养区已设置好的补料槽和水槽内加入少量的全价配合饲料和干净清洁的水吹哨并进食一次，同时饲养员应坚持等在棚舍，及时赶走提前归舍的鸡，并控制鸡群的活动范围，直到傍晚再用同样的方法进行归舍训导。如此反复训练几次，鸡群就建立起"吹哨/采食"的条件反射以后，若再次吹哨召唤，鸡群便趋之若鹜。初期，每天可放 3～6h，以后逐渐延长时间，初进园时应限制在一片放牧区域内，散养范围由近向远，逐渐扩大，使鸡群逐渐熟悉散养区的外界环境。为避免夜间鸡群归舍后压死鸡只，鸡群夜间回到舍后，应调教鸡群上栖架，训导鸡只形成归舍后尽量全部上架的习惯。不要让鸡在产蛋箱内过夜。

2. 加强放养管理

放养初期，由于转群，脱温等影响，可以在饲料或饮水中加入一定量维生素 C 或水溶性复合维生素等，以防应激。训导期的抛食应遵循"早宜少，晚适量"的原则，同时考虑结合小鸡觅食能力差的特点，酌情加料。同时在鸡群活动的散养区域的补料槽和水槽里适量的加少量的全价配合饲料和干净清洁的水，让鸡群熟悉散养地的补料槽和水槽的位置。放养时每天应注意收听收看天气预报，遇到恶劣天气或天气不好时，不要往外散养，采取舍饲；如天气下暴雨、冰雹、刮大风时应及时将鸡群赶回鸡舍内，以防发生意外。散养蛋鸡的散养季节，一般集中在每年的 3～11 月份，是多雨和炎热的天气，因此在散养区域内应搭建一些简易低矮的避雨棚，散养区域内最好种植一些可供遮阴的树木等。

3. 注意补充光照

光照时间和光照强度是蛋鸡充分发挥其生产性能的主要因素，散养蛋鸡从开产开始也应按笼养蛋鸡产蛋期的光照程序进行补光。从 16～17 周龄的 10～11h 开始补起，每周增加 0.5～1h，至每日 16～16.5h 为止并恒定下来，产蛋 5～6 个月后，将每日的光照时间调至每日 17h。补光方式采取每日固定在早上 5 点钟开始补光，一般在天黑约在傍晚 6:30～7:30 将散养鸡用口哨叫回鸡舍补料，在补料的同时补光至规定的时间。光照一经固定下来，就不要轻易改变。散养场地如果有条件的话，可以在散养地安装一套发电设备，以供应急之用。

4. 加强补饲和补水

根据不同季节、散养场地的植被情况、虫草的多少和鸡的觅食情况确定每日的补饲次数和补饲量。一般每天补饲 2 次，分早晨开始开灯补光时加料饲喂 1 次，而不要在每日产蛋集中的时间补料，晚上用口哨叫鸡回来后再补饲 1 次，每次补料量最好按笼养蛋鸡采食量的 80% ~90% 补给。剩余的 10% ~20% 让鸡只在环境中去采食虫草弥补。在配制散养蛋鸡全价饲料时，能量，粗蛋白、氨基酸、维生素等的水平时应按集约化饲养蛋鸡产蛋期营养标准水平进行，但由于鸡只在环境中可以采食到砂石颗粒，日粮中钙的水平可低些，可在全价饲料中适度减少石粉的用量。每天给鸡只定时饮水 3 ~4 次。在给鸡补料时，应防止浪费饲料；在补水时，应防止水的浪费和地面太潮湿。注意每天最好刷洗水槽，清除水槽内的鸡粪和其他杂物，让鸡只饮到干净清洁卫生的水。

5. 合理轮牧

散养方式就是要让鸡只在外界环境中采食虫草和其他可食之物，以提高鸡蛋的品质和饲料报酬。因此，应预先将散养地根据散养鸡的数量和散养时间的长短及散养季节划分成多片散养区域，用围栏分区围起来轮换放养，一片散养 1 ~2 周后，赶到另一个围栏内散养，让已采食过的散养小片区休养生息，恢复植被后再散养，使鸡只在整个散养期都有可食的虫草等物。

6. 保持环境卫生

实行"全进全出"的生产工艺，每批鸡散养完后应对鸡舍彻底清扫、清洗、消毒，最好能熏蒸一次后再进下一批蛋鸡。对每一片散养区域轮牧完后应清扫并收集鸡粪，将鸡粪发酵处理或收集在树根部挖坑深埋，这样可起到灭菌、消毒的效果。整个一批鸡散养结束后应对散养地用犁深翻，灌水、种草、植树等便于来年再散养。每天打扫舍内外卫生，涮洗水槽，清理食槽，定期清理粪便，对用品、地面、墙壁进行带鸡消毒。保持散养舍内每日及时清粪，垫料干燥干净，地面尽量干燥，舍内空气新鲜不潮湿，鸡只用具、饲料和饮水卫生。

（三）提高散养蛋鸡鸡蛋清洁度的措施

加强散养蛋鸡产蛋期的管理，提高散养蛋鸡鸡蛋的清洁度，有利于鸡蛋的保存、销售，对提高散养蛋鸡经济效益起到一定的促进作用。

1. 配足产蛋窝并做好"引蛋"工作

鸡开始产蛋时一般不会四处乱产蛋，而是一旦有固定的产蛋窝后，若无打扰基本上就固定了下来，鸡有就巢性和归巢性，为了防止鸡只产窝外蛋，应预先在散养舍内四周的墙根部放置一定数量的木制产蛋窝或用砖在墙四周的根部建一定数量的产蛋窝，窝的大小以可供 2～3 只鸡之用，窝内应预先放置松软的麦秸或干草，并定期更换。为了让鸡只找到产蛋窝，可以采取"引蛋"的方式在产蛋窝内预先放置 1～2 枚鸡蛋或蛋壳，以帮助蛋鸡将产蛋的地点固定下来，从而减少经济损失。

2. 合理安排每日放养时间

应熟悉和掌握散养蛋鸡每日的产蛋规律，不论是集约化饲养还是散养蛋鸡一般每日的产蛋高峰时间大多集中在上午 8:00～11:00，因此，鸡进入产蛋期每日的放养时间应在早晨 8:00 之前或 10:00～11:00 以后，让鸡群 80% 左右的鸡蛋在放养前均产完，让鸡只形成这样的习惯，既可以减少鸡四处乱产蛋，提高鸡蛋的清洁度，又便于鸡蛋的收集，降低劳动强度。

3. 及时收集鸡蛋

散养鸡蛋的收集时间最好集中在早晨散养蛋鸡全部从散养鸡舍赶出去后进行，在鸡群晚上归舍以前的 1～2h 内也可以再集中收集一次，做到当日产蛋尽量不留在产蛋窝内过夜。

第六章

蛋鸡常见疾病的综合防制

第一节　蛋鸡常见疾病流行现状

近年来，虽然我国养鸡业得到极大发展，成为名副其实的养鸡大国，但鸡病的频繁发生带来的生产性能低、饲料消耗多、疾病发生频繁、环境污染严重、产品质量差、出口贸易少等，已经严重制约着我国养鸡业的持续发展和效益提高。

一、鸡病种类增多

我国养殖规模的急剧扩大和国内国际贸易的日益频繁，客观上为疫病传播提供了极为有利的条件，传染病种类大幅增加。如近20年来鉴定的新疫病就多达十余种，除了新城疫（ND）、禽霍乱（FC）、马立克病（MD）、传染性支气管炎（IB）、传染性喉气管炎（ILT）、鸡痘（FP）、鸡白痢和球虫病等老疫病外，现在增加的危害比较严重的疾病有传染性法氏囊病（IBD）、传染性脑脊髓炎（AE）、减蛋综合征（EDS－76）、传染性鼻炎（IC）、鸡流感（AI）、网状内皮组织增生病（RE）、鸡成骨细胞白血病（ALV－J）、鸡传染性贫血（CIA）、鸡传染性腺胃炎、大肠杆菌病、支原体病等。

二、疫病非典型化和病原体的变异

疫病非典型化及病原体的变异和进化，给诊断和防治增加了难度。如新城疫由于长期大量地使用疫苗，典型新城疫已少见，取而代之的是非典型新城疫的大量出现；鸡传染性支气管炎相继出现了呼吸型、肾型和肌肉型等病理表现，并形成了几种类型并存的复杂局面；传染性法氏囊病病毒变异株，变异株可突破传染性法氏囊病病毒血清二型疫苗保护，呈亚临诊型流行。

三、免疫抑制性疾病危害严重

免疫抑制可由传染病、不良环境、营养缺乏和应激等造成，但最主要的因素是传染性疾病，包括传染性法氏囊病、马立克病、鸡传染性贫血、网状内皮组织增生病、新城疫、传染性喉气管炎、呼肠孤病毒感染和传染性腺胃炎等。鸡群感染后，不仅会由于发病造成直接经济损失，而且会发生免疫抑制，对其他病原易感性增加，对多种疫苗免疫应答下降，甚至导致免疫失败，间接损失不可低估。

四、混合感染、继发感染病例频繁发生

混合感染和继发感染使疫情复杂化。由于多重感染病因多，诊断难度大。例如鸡的多病因呼吸道病，可能的致病因素极多，包括呼吸道病原体（新城疫病毒、传染性支气管炎病毒、传染性喉气管炎、禽流感病毒、大肠杆菌、支原体等）、免疫抑制性病原体（马立克病病毒、传染性法氏囊病病毒、鸡传染性贫血病病毒、网状内皮组织增生病病毒、呼肠孤病毒等）和不良的环境因素。此外，苗的使用也在促发该病中发挥一定作用，新城疫病

毒、传染性法氏囊病病毒和传染性喉气管炎病毒活疫苗的应用可导致呼吸道上皮轻微损伤，易成为大肠杆菌、支原体等病原感染的诱因；而传染性法氏囊病中等偏强毒力活疫苗的使用可造成鸡群发生一定程度的免疫抑制，对其他病原易感性增强，且患病后不易康复。混合感染和继发感染已成为疫病防治中的一大难点。

五、病原耐药性问题日益突出

由于过度依赖药物防治细菌、球虫等感染，病原耐药性问题越来越突出。一些病原如鸡白痢沙门菌、大肠杆菌、葡萄球菌、支原体、球虫等易对治疗药物产生耐药性，在长期不合理用药后更是如此。在近 40 年中耐药性总体呈现出逐步增强的趋势，菌株对氨苄西林、壮观霉素、复方磺胺、磺胺异恶唑、甲氧苄胺嘧啶、羧苄西林、四环素、链霉素、青霉素等的耐药率显著增强。另一显著特点是，所测菌株单一耐药的极少，多数为多重耐药。如鸡白痢沙门菌，由于长期使用或经常是不合理使用药物，在抗菌药物的选择性压力下，耐药率大幅上升，多重耐药菌株越来越多，耐药谱也越来越宽。此外，致病性大肠杆菌、鸡源葡萄球菌等病原的耐药性也呈现出类似的变化规律。

第二节　蛋鸡场的生物安全措施

鸡场必须围绕"防重于治"和"养防并重"的疾病防治原则，制定全面控制疾病的生物安全措施。

一、保持环境安全

(一) 加强鸡场的隔离防疫

①鸡场要远离市区、村庄和居民点，远离屠宰场、畜产品加工厂等污染源。鸡场周围有隔离物。养鸡场大门、生产区入口要建同门口一样宽、长是汽车轮 1 周半以上的消毒池。各鸡舍门口要建与门口同宽、长 1.5m 的消毒池。生产区门口还要建更衣消毒室和淋浴室。

②进入鸡场和鸡舍的人员和用具要消毒。车辆进入鸡场前应彻底消毒，以防带入疾病；鸡场谢绝参观，不可避免时，应严格按防疫要求消毒后方可进入；农家养鸡场应禁止其他养殖户、鸡蛋收购商和收购死鸡的小贩进入鸡场，病鸡和死鸡经疾病诊断后应深埋，并做好消毒工作，严禁销售和随处乱丢。

③生产区内各排鸡舍要保持一定间距。不同日龄的鸡分别养在不同的区域，并相互隔离。如有条件。不同日龄的鸡分场饲养效果更好。

④采用"全进全出"的饲养制度。"全进全出"的饲养制度是有效防止疾病传播的措施之一。"全进全出"使得鸡场能够做到净场和充分的消毒，切断了疾病传播的途径，从而避免患病鸡只或病原携带者将病原传染给日龄较小的鸡群。

(二) 保持鸡场和鸡舍的清洁卫生

1. 保持鸡舍和鸡舍周围环境卫生

及时清理鸡舍的污物、污水和垃圾，定期打扫鸡舍顶棚和设备、用具的灰尘，每天进行适量的通风，保持鸡舍清洁卫生，不在鸡舍周围和道路上堆放废弃物和垃圾。

2. 保持饲料和饮水卫生

饲料不霉变，不被病原污染，饲喂用具勤清洁消毒；饮用水符合卫生标准（人可以饮用的水鸡也可以饮用），水质良好，饮水用具要清洁，饮水系统要定期消毒。

3. 废弃物要无害化处理

粪便堆放要远离鸡舍，最好设置专门储粪场，对粪便进行无害化处理，如堆积发酵、生产沼气或烘干等处理。病死鸡不要随意出售或乱扔乱放，防止传播疾病。

（三）做好全面消毒

制定合理的消毒程序，进行严格的消毒，可以减少病原的种类和数量，避免或减少传染病的发生。

二、增强鸡体的抗病能力

（一）科学的饲养管理

1. 提供优质饲料，保证营养供给

选用优质饲料原料，配制营养全面平衡的口粮，避免饲料腐败变质，保证口粮的优质性、全价性和平衡性。

2. 充足卫生的饮水

水是最廉价、最重要的营养素，也是最容易受到污染和传播疾病的因素，所以鸡场要保证水的供应，保证水的卫生。

3. 适宜的饲养密度

适宜的饲养密度是保证鸡群正常发育、预防疾病不可忽视的措施之一。密度过大，鸡群拥挤，不但会造成鸡采食困难，而且空气中尘埃和病原微生物数量较多，最终引起鸡群发育不整齐，免疫效果差，易感染疾病和啄癖。密度过小，既不利于鸡舍保温，也不经济。密度的大小应随品种、日龄、鸡舍的通风条件、饲养的方式和季节等而做调整。

4. 减少应激反应

定期药物预防或疫苗接种的多种因素均可对鸡群造成应激，其中包括捕捉、转群、断喙、免疫接种、运输、饲料转换、无规律的供水供料等生产管理因素，以及饲料营养不平衡或营养缺乏、温度过高或过低、湿度过大或过小、不适宜的光照、突然的音响等环境因素。实践中应尽可能通过加强饲养管理和改善环境条件，避免和减轻以上2类应激因素对鸡群的影响，防止应激造成鸡群免疫效果不佳、生产性能和抗病能力降低。

(二) 增强机体的特异性抵抗力

1. 科学的免疫接种

制定科学的免疫程序，进行确切的免疫接种，提高机体特异性抵抗力。

2. 加强黏膜保护

呼吸道黏膜、肠道黏膜与其他黏膜共同构成了家禽的黏膜系统，形成了保护家禽的第一道保护屏障，避免和减少了不良因素对机体的危害和损伤。同时，黏膜系统可以产生局部抗体，增强机体的免疫功能。所以，加强呼吸道黏膜保护，减少损伤，是提高黏膜免疫功能的基础。保持舍内空气清新，饲料中添加维生素A、维生素E、维生素C等维生素和有益菌，加强局部免疫等，增强黏膜的抗病功能。

3. 合理地使用药物

定期使用黄芪多糖、寡糖等药物可以提高机体免疫力，增强抗病力。

第三节　蛋鸡疾病诊断基础

一、流行病学分析

流行病学分析是根据疾病的流行特点进行诊断的一种方法。不同疾病都有特定的流行病学特征，如能根据流行病学做出诊断，将可大大缩短诊断时间，提高其准确性，为疾病防治提供宝贵时间。

(一)　了解发病情况

根据病程长短、发病率、死亡率等因素可以初步判定疾病种类。

如果在饲养条件不同的鸡舍或养鸡场均发病，则可能是传染病，可排除慢性病或营养缺乏病；如在短时间内大批发病、死亡，可能是急性传染病；若疾病仅在一个鸡舍或养鸡场内发生，应考虑非传染性疾病的可能。如果一个鸡舍内的少数鸡发病后，在短时间内传遍整个鸡舍或相邻鸡舍，应考虑其传播方式是经空气传播。发病较慢，病鸡消瘦，应考虑是慢性传染病，如结核、马立克病，或是营养缺乏症。若为营养缺乏症，则饲喂不同饲料的患鸡病情差异明显。

了解发病日龄，有助于缩小可疑疾病的范围。了解疾病的发病季节，可为排除、确诊某些疾病提供线索。某些疾病具有明显的季节性，若在非发病季节出现症状相似的疾病，可少考虑或不予考虑该病。

(二) 了解用药防疫情况

了解用药情况，也可排除某些疾病，缩小可疑疾病的范围。如用药后病情减轻，或未出现新病例，则提示用药正确。患细菌病或，寄生虫病时，如选用敏感药物，亦可起到防病治病的作用。

(三) 了解管理状况

管理是影响疾病发生的重要因素，很多疾病与管理不良有关。管理包括消毒、密度、通风、温度、湿度、噪声等方面。

如果鸡舍通风不良、过度拥挤、温度过高或过低、湿度过大、强噪声等均属应激因素，可降低机体抵抗力，诱发很多疾病。

(四) 流行病学监测

流行病学监测是在大范围内有计划、有组织地收集流行病学信息，并对有关信息分析、处理的一种手段。流行病学监测的目的是净化鸡群，为防疫提供依据。

饲料监测更重要的一项内容就是检查其营养成分是否合理，如钙、磷比例是否适当，蛋白质、氨基酸和碳水化合物等含量是否平衡，根据检测结果进行适当调整、可以减少代谢病，特别是营养缺乏症的发生。

二、临床症状鉴别

(一) 群体检查

检查群体的营养状况、发育程度、体质强弱、大小均匀度，鸡冠的颜色是否鲜红或紫蓝、苍白；冠的大小，是否长有水疱、痘痂或冠癣；羽毛颜色和光泽，是否丰满整洁，是否有过多的羽毛断折和脱落；是否有局部或全身的脱毛或无毛，肛门附近羽毛是否有粪污等。

检查鸡群精神状况是否正常，在添加饲料时是否拥挤向前争抢采食饲料，或有啄无食，将饲料拨落地下，或根本不啄食。在外人进入鸡舍走动或有异常声响时鸡是否普遍有受惊扰的反应，是否有震颤，头颈扭曲，盲目前冲或后退，转圈运动，或高度兴奋不停地走动，是否有跛行或麻痹、瘫痪，是否有精神沉郁、闭目、低头、垂翼，离群呆立，喜卧不愿走动，昏睡。

检查是否流鼻液，鼻液性质如何，是否有眼结膜水肿、上下眼结膜粘连、脸部水肿，浅频呼吸、深稀呼吸、临终呼吸，有无异常呼吸音，张口伸颈呼吸共发出怪叫声，张口呼吸而且两翼展开，口角有无黏液、血液或过多饲料黏着，有无咳嗽等。

检查食料量和饮水量如何，嗉囊是否异常饱胀；排粪动作过频或困难，粪便是否为圆条状、稀软成堆，或呈水样，粪便是否有饲料颗粒、黏液、血液颜色为灰褐、硫黄色、棕褐色、灰白色、黄绿色或红色，是否有异常恶臭味。

检查发病数，死亡数，死亡时间分布，病程长短，从发病到死亡的时间为几天、几小时或毫无前兆症状而突然死亡等。

（二）个体检查

对鸡个体检查的项目除与上述群体检查相同项目之外，还应注意做下列一些项目的检查。

检查体温，用手掌抓住两腿或插入两翼下，可感觉到明显的体温异常。

检查皮肤的弹性，有无结节及蜱、螨等寄生虫，颜色是否正常及是否有紫蓝色或红色斑块，是否有脓肿、坏疽、气肿、水肿、斑疹、水疱等，腹部皮肤鳞片是否有裂缝等。

拨开眼结膜，检查眼结膜的黏膜是否苍白、潮红或黄色，结膜下有无干酪样物，眼球是否正常；用手指压挤鼻孔，有无黏性或脓性分泌物，用手指触摸嗉囊内容物是否过分饱满坚实，是否有过多的水分或气体，翻开泄殖腔，注意有无充血、出血、水肿、坏死，或有假膜附着，肛门是否被白色粪便所黏结。

打开口腔，检查口腔黏膜的颜色，有无斑疹、脓疱、假膜、溃疡、异物、口腔和腭裂上是否有过多的黏液，黏液上是否混有血液。一手扒开口腔，另一手用手指将喉头向上顶托，可见到喉头和气管，注意喉气管有无明显的充血、出血，喉头周围是否有干酪样附着物等。常见的鸡体异常变化诊断。

三、临床剖检

鸡病虽种类繁多，但许多鸡病在剖检病变方面具有一定特征，因此，利用尸体剖检观察病变可以验证临床诊断和治疗的正确性，是诊断疾病的一个重要手段。

（一）鸡体剖检要求

1. 正确掌握和运用鸡体剖检方法

若方法不熟练，操作不规范、不按顺序，乱剪乱割，影响观察，易造成误诊，贻误防治时机。

2. 防止疾病散播

鸡场最好建立尸体剖检室，剖检室设置在生产区和生活区的下风向和地势较低的地方，并与生产区和生活区保持一定距离，自成单元；剖检前对尸体进行喷洒消毒，避免病原随着羽毛、皮屑一起被风吹起传播。剖检后将死鸡放在密封的塑料袋内，对刻检场所和用具进行彻底全面的消毒。剖检室的污水和废弃物必须经过消毒处理后方可排放。有条件的鸡场应建造焚尸炉或发酵池，以便处理剖检后的尸体，其地址的选择既要使用方便，又要防止病原污染环境。无条件的鸡场对剖检后的尸体要进行焚烧或深埋。

3. 准备好剖检器具

剖检鸡体，准备剪刀、镊子即可。根据需要还可准备手术刀、标本皿、广口瓶、福尔马林等。此外，还要准备工作服、胶鞋、橡胶手套、肥皂、毛巾、水桶、脸盆、消毒剂等。

（二）鸡体剖检方法

剖检病鸡最好在死后或濒死期进行。对于已经死亡的鸡只，越早剖检越好。因为时间长了尸体易腐败，尤其夏季，使病理变化模糊不清，失去剖检意义。如暂时不剖检的，可暂存放在4℃冰箱内。解剖前先进行体表检查。

1. 体表检查

选择症状比较典型的病鸡作为剖检对象，解剖前先做体表检查，即测量体温，观察呼吸、姿态、精神状况、羽毛光泽、头部皮肤的颜色，特别是鸡冠和肉髯的颜色，仔细检查鸡体的外部变化并记录症状。如有必要，可采集血液（静脉或心脏采血）以备实验室检验。

2. 解剖检查

先用消毒药水将羽毛擦湿，防止羽毛及尘埃飞扬。解剖活鸡应先放血致死，方法有2种：一种可在口腔内耳根旁的颈静脉处用剪刀横切断静脉，血沿口腔流出，此法外表无伤口；另一种为颈部放血，用刀切断颈动脉或颈静脉放血。

将被检鸡仰放在搪瓷盘上，此时应注意腹部皮下是否有腐败而引起的尸绿。用力掰开两腿，直至髋关节脱位，将两翅和两腿摊开，或将头、两翅固定在解剖板上。沿颈、胸、腹中线剪开皮肤，再从腹下部横向剪开腹部，并延至两腿皮肤。由剪处向两侧分离皮肤。剥开皮肤后，可看到颈部的气管、食道、嗉囊、胸腺、迷走神经以及胸肌、腹肌、腿部肌肉等。根据剖检需要，可剥离部分皮肤。此时可检查皮下是否有出血，胸部肌肉的黏稠度、颜色，是否有出血点或灰白色坏死点等。

皮下检查完后，在泄殖腔腹侧将腹壁横向剪开，再沿肋软骨交接处向前剪，然后一只手压住鸡腿，另一只手握龙骨后线向上拉，使整个胸骨向前翻转露出胸腔和腹腔，注意胸腔和腹腔器官的位置、大小、色泽是否正常，有无内容物（腹水、渗出物、血液等），器官表面是否有胶冻状或干酪样渗出物，胸腔内的液体是否增多等。

然后观察气囊，气囊膜正常为一透明的薄层，注意有无混浊、增厚或被覆渗出物等。如果要取病料进行细菌培养，可用灭菌消毒过的剪刀、镊子、注射器、针头及存放材料的容器采取所需要的组织器官。取完材料后可进行各个脏器检查。剪开心包囊，注意心包囊是否混浊或有纤维性渗出物黏附，心包液是否增多，心包囊与心外膜是否粘连等，然后顺次取出各脏器。

首先把肝脏与其他器官连接的韧带剪断，再将脾脏、胆囊随同肝脏一块摘除。接着，把食道与腺胃交界处剪断，将腺胃、肌胃和肠管一同取出体腔（直肠可以不剪断）。

剪开卵巢系膜，将输卵管与泄殖腔连接处剪断，把卵巢和输卵管取出。雄鸡剪断睾丸系膜，取出睾丸；用器械柄钝性剥离肾脏，从脊椎骨深凹中取出；剪断心脏的动脉、静脉，取出心脏；用刀柄钝性剥离肺脏，将肺脏从肋骨间搞出。

剪开喙角，打开口腔，把喉头与气管一同摘除；再将食道、喀嗉囊一同摘出；把直肠拉出腹腔，露出位于泄殖腔背面的腔上囊（法氏囊），剪开与泄殖腔连接处，腔上囊便可摘除。

剪开鼻腔，从两鼻孔上方横向剪断上呼部，断面露出鼻腔和鼻甲骨。轻压鼻部，可检查鼻腔有无内容物；剪开眶下窦。剪开眼下和嘴角上的皮肤，看到的空腔就是眶下窦。

将头部皮肤剥去，用骨剪剪开顶骨线。颧骨上缘、枕骨后缘，揭开头盖骨，露出大脑和小脑。切断脑底部神经，大脑便可取出。

迷走神经在颈椎的两侧，沿食道两旁可以找到。坐骨神经位于大腿两侧，剪去内收肌即可露出。腰荐神经丛，将脊柱两侧的肾脏摘除，便能显露出来。臂神经，将鸡背朝上，剪开肩胛和脊柱之间的皮肤，剥离肌肉，即可看到。

3. 解剖检查注意事项

①剖检时间越早越好，尤其在夏季，尸体极易腐败，不利于病变观察，影响正确诊断。若尸体已经腐败，一般不再进行剖检。剖检时，光线应充足。

②剖检前要了解病死鸡的来源、病史、症状、治疗经过及防疫情况。

③剖检时必须按剖检顺序观察，做到全面细致，综合分析，不可主观片面，马马虎虎。

④做好剖检用具和场所的隔离消毒。做好剖检尸体、血水、粪便、羽毛和污染的表土等无害化处理（放入深埋坑内，撒布消毒药和新鲜生石灰盖土压实）。同时要做好自身防护（穿戴好工作服，戴上手套）。

⑤剖检时，要做好记录，检查完后找出其主要的特征性病理变化和一般非特征性病理变化，做出分析和比较。

（三）病理剖检诊断

1. 皮肤、肌肉

皮下脂肪小出血点见于败血症；传染性腔上囊病时，常有股内侧肌肉出血；皮肤型马立克病时，皮肤上有肿瘤、皮下水肿，水肿部位多见于胸腹部及两腿内侧，渗出液以胶冻样为主；渗出液颜色呈黄绿或蓝绿色，为铜绿假单胞菌病、硒－维生素 E 缺乏症。渗出液颜色呈黄白色为禽霍乱；渗出液颜色呈蓝紫色为葡萄球菌病；胸腿肌肉出血、出血为点状或斑状，常见疾病有传染性法氏囊病、禽霍乱、葡萄球菌病。其中，表现为肌肉的深层出血多见于禽霍乱。另外，马杜霉素中毒、维生素 K 缺乏症、磺胺类药物中毒、黄曲霉毒素中毒、包涵体肝炎、住白细胞原虫病（点状出血）也可见肌肉出血。

2. 胸、腹腔

胸腹膜有出血点，见于败血症；腹腔内有坠蛋时（常见于高产、好飞栖高架的母鸡），会发生腹膜炎；卵黄性腹腔（膜）炎与鸡沙门菌病、大肠杆菌病、禽霍乱和鸡葡萄球菌病有关；雏鸡腹腔内有大量黄绿色渗出液，常见于硒－维生素 E 缺乏症。

3. 呼吸系统

（1）鼻腔（窦）　渗出物增多见于鸡传染性鼻炎、鸡毒支原体病，也见于禽霍乱和禽流感。

（2）气管　气管内有伪膜，为黏膜型鸡痘；有多量奶油样或干酪样渗出物，可见于鸡的传染性喉气管炎和新城疫。管壁肥厚，黏液增多，见于鸡的新城疫、传染性支气管炎、传染性鼻炎和鸡支原体病。气管、喉头黏膜充血、出血，有黏液等渗出物，该病变主要见于呼吸系统疾病。如黏膜充血，气管有渗出物为传染性支气管炎病变；喉头、气管黏膜弥漫性出血，内有带血黏液为传染性喉气管炎病变；而气管环黏膜有出血点为新城疫病变。败血性霉形体、传染性鼻炎也可见到呼吸道有黏液渗出物等病变。

（3）气囊 壁肥厚并有干酪样渗出物，见于鸡毒支原体病、传染性鼻炎、传染性喉气管炎、传染性支气管炎和新城疫；附有纤维素性渗出物，常见于鸡大肠杆菌病；腹气囊卵黄样渗出物，为传染性鼻炎的病变。

（4）肺 雏鸡肺有黄色小结节，见于曲霉菌性肺炎；雏白痢时，肺上有 1～3mm 的白色病灶，其他器官（如心、肝）也有坏死结节；禽霍乱时，可见到两侧性肺炎；肺呈灰红色，表面有纤维素，常见于鸡大肠杆菌病。

4. 消化道

食道、嗉囊有散在小结节，提示为维生素 A 缺乏症。腺胃黏膜出血，多发生于鸡新城疫和禽流感；鸡马立克病时见有肿瘤。肌胃角质层表面溃疡，在成年鸡多见于饲料中鱼粉和铜含量太高，雏鸡常见于营养不良；创伤，常见于异物刺穿；萎缩，发生于慢性疾病及口粮中缺少粗饲料。小肠黏膜出血，见于鸡的球虫病、鸡新城疫、禽流感、禽霍乱和中毒（包括药物中毒）及火鸡的冠状病毒性肠炎和出血综合征；卡他性肠炎，见于鸡的大肠杆菌病、鸡伤寒和绦虫、蛔虫感染；小肠坏死性肠炎，见于鸡球虫病、鸡厌氧性菌感染；肠浆膜肉芽肿，常见于鸡慢性结核、鸡马立克病和鸡大肠杆菌病；雏鸡盲肠溃疡或干酪样栓塞，见于雏鸡白痢恢复期和组织滴虫病；盲肠血样内容物，见于鸡球虫病；肠道出血是许多疾病急性期共有的症状，如新城疫、传染性法氏囊病、禽霍乱、葡萄球菌病、链球菌病、坏死性肠炎、铜绿假单胞菌病、球虫病、食流感、中毒等疾病；盲肠扁桃体肿胀、坏死和出血，盲肠与直肠粘膜坏死，可提示为鸡新城疫。盲肠病变主要为盲肠内有干酪样物堵塞，这种病变所提示的疾病有盲肠球虫病、组织滴虫病、副伤寒、鸡白痢；新城疫可见黏膜乳头或乳头间出血，传染性法氏囊病、螺旋体病多见肌胃与腺胃交界处黏膜出血。导致腺胃黏膜出血的疾病还有喹乙醇中毒、痢菌净中毒、磺胺类药物中毒、禽流感、包涵体肝炎等。

5. 心脏

心肌结节，这种病变主要见于大肠杆菌肉芽肿、马立克病、鸡白痢、伤寒、磺胺类药物中毒。心冠脂肪有出血点（斑），可见于禽霍乱、禽流感、鸡新城疫、鸡伤寒等急性传染病，磺胺类药物中毒也可见此症状。心肌坏死灶，见于雏鸡的白痢、鸡的李氏杆菌和弧菌性肝炎；心肌肿瘤，可见于鸡马立克病；心包有混浊渗出物，见于鸡的白痢、鸡大肠杆菌病、鸡毒支原体病。

6. 肝脏

肝脏的病变一般具有典型性。烈性病时，其他病变还未表现，那么在肝脏基本表现为败血性变化。肝脏病变可以区分是以病毒性还是细菌性疾病为主。肝脏具有的坏死灶多由细菌引起，而出血点多由病毒引起。导致肝脏出现坏死点或坏死灶的疾病有食霍乱、鸡白痢、伤寒、急性大肠杆菌病、铜绿假单胞菌病、螺旋体病、喹乙醇中毒、痢菌净中毒等；导致肝脏有灰白结节的疾病有马立克病、鸡结核、鸡白痢、白血病、慢性黄曲霉毒素中毒、住白细胞原虫病。此外注射油苗也可引起此类病变。显著肿大时，见于鸡急性马立克病和鸡淋巴细胞性白血病；有大的灰白色结节，见于急性马立克病、淋巴细胞性白血病、组织滴虫病和鸡结核；有散在点状灰白色坏死灶，见于包涵体肝炎、鸡白痢、禽霍乱、鸡结核等；肝包膜肥厚并有渗出物附着，可见于肝硬化、鸡大肠杆菌病和鸡组织滴虫病。

7. 脾脏

有大的白色结节，见于急性马立克病、淋巴细胞性白血病及鸡结核；有散在微细白点，见于急性马立克病、白痢、淋巴细胞性白血病、鸡结核；包膜肥厚伴有渗出物附着及腹腔有炎症和肿瘤时，见于鸡的坠蛋性腹膜炎和马立克病。

8. 卵巢

产蛋鸡感染沙门菌后，卵巢发炎、变形或滤泡萎缩；卵巢水泡样肿大，见于急性马立克病和淋巴细胞性白血病，卵巢的实质变性见于流感等热性疾病。

9. 输卵管

输卵管内充满腐败的渗出物，常见于鸡的沙门菌和大肠杆菌病；由于肌肉麻痹或局部扭转，可使输卵管充塞半干状蛋块；输卵管萎缩则见于鸡传染性支气管炎和减蛋综合征；输卵管有脑性分泌物多见于禽流感。

10. 肾脏

肾显著肿大，见于急性马立克病、淋巴细胞性白血病和肾型传染性支气管炎；肾内出现囊肿，见于囊胞肾（先天性畸形）、水肾病（尿路闭塞），在鸡的中毒传染病后遗症中也可出现；肾内有白色微细结晶沉着，见于尿酸盐沉着症，输尿管膨大，出现白色结石，多由于中毒、维生素 A 缺乏症、痛风等疾病所致。导致肾脏功能障碍的疾病均可引起输尿管尿酸盐沉积，如痛风、传染性法氏囊病、维生素 A 缺乏症、传染性支气管炎、鸡白痢、螺旋体病和长期过量使用药物。

11. 睾丸

萎缩、有小脓肿，见于鸡白痢。

12. 腔上囊（法氏囊）

增大并带有出血和水肿，发生于传染性腔上囊病的初期，然后发生萎缩；全身性滑膜支原体感染，患马立克病时，可使腔上囊萎缩；淋巴细胞性白血病时，腔上囊常常有稀疏的直径 2～3mm 的肿瘤，此外马杜霉素中毒也可以导致法氏囊出血性变化。

13. 胰脏

雏鸡胰脏坏死，发生于维生素 E – 硒缺乏症；点状坏死常见于禽流感和传染性支气管炎。

14. 神经系统

小脑出血、软化，多发生于幼雏的维生素缺乏症；外周神经肿胀、水肿、出血，见于鸡马立克病。

15. 腹水

常见病有腹水综合征、大肠杆菌病、黄曲霉毒素中毒、维生素 E –硒缺乏症、鸡白痢、副伤寒、卵黄性腹膜炎。

四、实验室诊断

(一) 微生物学检测技术

1. 病料采集技术

微生物学检测需要的病料应该在实验室采集，不同部位或组织的病料采集方法如下。

（1）脓液及渗出液　用灭菌注射器无菌抽取未破溃脓肿液（如是开放的化脓灶或鼻腔里可用灭菌棉拭子蘸取脓液）或组织渗出液，置于灭菌试管（或灭菌小瓶）内。

（2）内脏　在病变较严重的部位，用灭菌剪刀无菌采取一小块（一般 1～2cm），分别置于灭菌的平皿、试管或小瓶中。

（3）血液

①全血。用灭菌注射器采取4ml血液立即放入盛有1ml 4%柠檬酸钠的灭菌试管中，转动混合片刻即可。

②心血。采取心血通常先用烧红的铁片或刀片在心房处烙烫其表面，然后将灭菌尖刀烘烫并刺一小孔，再用灭菌注射器吸取血液，置于灭菌试管中。

（4）卵巢及卵泡 无菌采取有病变的卵巢及卵泡。

（5）粪便 应采取新鲜有血或黏液的部分，最好采取正排出的粪便，收集在灭菌小瓶中。

2. 涂片镜检

采用有显著病变的不同组织器官涂片、染色、镜检。对于一些有特征性的病原体如巴氏杆菌、葡萄球菌、钩端螺旋体、曲霉菌病等可通过采集病料直接涂片镜检而做出确诊。但对大多数传染病来说，只能提供进一步检查的线索和依据。涂片的制备和染色方法如下。

（1）涂片的制备

①载玻片准备。载玻片应该清洁、透明而无油渍，滴上水后，能均匀展开。如有残余油渍，可按下列方法处理：滴上95%的酒精2~3滴，用清净纱布擦拭，然后在酒精灯火焰上轻轻通过几次。若上法仍未能除油渍，可再滴上1~2滴冰醋酸，再在酒精灯火焰上轻轻通过。

②涂片。液体材料（如液体培养物、血液、渗出液），可直接用灭菌接种环取一环材料，置于载玻片中央，均匀地涂布成适当大小的薄层；固体材料（如菌落、脓、粪便等），则应先用灭菌接种环少量生理盐水或蒸馏水，置于载玻片中央，然后再用采菌接种环取少量液体，在液体中混合，均匀涂布成适当大小的

薄层；组织脏器材料，先用镊子夹住局部，然后用灭菌的剪刀取1小块，夹出后将其新鲜切面在载玻片上压印或涂抹成一薄层。

③干燥。上述涂片，均应让其自然干燥。

④固定。有火焰和化学2种固定方法。火焰固定：将干燥好的涂片涂面向上，以其背面在酒精灯上来回通过数次，略作加热固定。化学固定：干燥涂片用甲醇固定。

（2）染色和镜检

①革兰氏染色。将已干燥的涂片用火焰固定。在固定好的涂片上，滴加草酸铵结晶紫染色液，经1~2min，水洗。加革兰碘溶液于涂片上媒染，作用1~3min，水洗。加95%酒精于涂片上脱色，约30s，水洗。加稀释石炭酸复红（或沙黄水溶液）复染10~30s，水洗。吸干或自然干燥，镜检可见：革兰阳性菌呈蓝紫色，革兰阴性菌呈红色。

②瑞氏染色法。涂片自然干燥后，滴加瑞氏染色液，为了避免很快变干，染色液可稍多加些，或者看情况补充滴加。经1~3min再加约与染色液等量的中性蒸馏水或缓冲液，轻轻晃动载玻片，使与染液推匀。经5min左右，直接用水冲洗（不可先将染液倾去），吸干或烘干，镜检可见：细菌为蓝色，组织、细胞等物呈其他颜色。

3. 病原的分离培养与鉴定

可用人工培养的方法将病原从病料中分离出来，细菌、真菌、霉形体和病毒需要用不同的方法分离培养，例如，使用普通培养基、特殊培养基、细胞、鸡胚和敏感动物等，对已分离出来的病原，还要做形态学、理化特性、毒力和免疫学等方面的鉴定，以确定病原微生物的种属和血清型等。

（二）寄生虫学检测技术

一些鸡的寄生虫病临床症状和病理变化是比较明显和典型的，有初诊的意义，但大多数鸡寄生虫病生前缺乏典型的特征，往往需要通过实验室检查，从粪便、血液、皮肤、羽毛、气管内容物等被检材料中发现虫卵、幼虫、原虫或成虫之后才确诊。

鸡的许多寄生虫，特别是多数的蠕虫类，多寄生于宿主的消化系统或呼吸系统。虫卵或某一个发育阶段的虫体，常随宿主的粪便排出。因此，通过对粪便的检查，可发现某些寄生虫病的病原体。

（1）直接涂片法　吸取清洁常水或 50% 甘油水溶液，滴于载玻片上，用小棍挑取少许被检新鲜粪便，与水滴混匀，除去粪渣后，加盖玻片，镜检蠕虫、吸虫、绦虫、线虫、棘头虫的虫卵或球虫的卵囊等。

（2）饱和溶液浮集法　适用于绦虫和线虫的虫卵及球虫卵囊的检查。在一杯水内放少许粪便，加入 10～20 倍的饱和食盐溶液，边搅拌边用两层纱布或细网筛将粪水过滤到另一圆柱状玻璃杯内，静置 20～30min 后，用有柄的金属圈蘸取粪水液膜并抖落在载玻片上，加盖玻片镜检。

（3）反洗涤沉淀法　适用于吸虫卵及棘头虫卵等的检查。取少许粪便，放在玻璃杯内，加 10 倍左右的清水，用玻棒充分搅匀，再用细网筛或纱布过滤到另一玻璃杯内，静置 10～20min，将杯内的上层液吸去，再加清水，摇匀后，静置或离心，如此反复数次，待上层液透明时，弃去上层清液，吸取沉渣，做涂片镜检。

（4）幼虫检查法　适用于随粪便排出的幼虫（如肺线虫）或各组织器官中幼虫的检查。将固定在漏斗架上的漏斗下端接一根橡皮管，把橡皮管下端接在一离心管上。将粪便等被检物放在漏斗的筛网内，再把40℃的温水徐徐加至浸没粪便等物为止。静置1~3h后，幼虫从粪便中游出，沉到管底经离心沉淀后，镜检沉淀物寻找幼虫。

第四节　常见蛋鸡疾病的综合防制

一、传染病

（一）禽流感

禽流感，又称欧洲鸡瘟或真性鸡瘟，是由 A 型流感病毒引起的一种急性、高度接触性和致病性传染病。

1. 流行特点

可经过多种途径传播，如消化道、呼吸道、眼结膜及皮肤损伤等途径传播，呼吸道、消化道是感染的最主要途径。

任何季节和任何日龄的鸡群都可发生。各种年龄、品种和性别的鸡群均可感染发病，以产蛋鸡易发。一年四季均可发生，但多暴发于冬季、春季，尤其是秋冬和冬春交界气候变化大的时间，刮风对此病传播有促进作用。

2. 临床症状

鸡感染禽流感的潜伏期由几个小时到几天不等，表现的症状因鸡种、年龄、毒株致病力、继发感染与否而不同。

（1）急性型　发病急，死亡突然；病鸡精神高度沉郁，采食量迅速下降或废绝，拉黄绿色稀粪；产蛋鸡产蛋率急剧下降，由90%下降到20%甚至无蛋。蛋壳变化明显；呼吸困难；鸡冠、眼睑、白髯水肿，鸡冠和肉髯边缘出现紫褐色坏死斑点（见彩图1），腿部鳞片有紫黑色血斑（见彩图2）。

（2）温和型 发病鸡群采食量明显减少，饮水增多，饮水时不断从口角甩出黏液。精神沉郁，羽毛蓬乱，垂头缩颈，鼻分泌物增多，流鼻液。眼结膜充血、流泪；鸡群发病的当天或第2d即表现出呼吸道症状，呼噜、咳嗽、呼吸啰音，有呼吸困难、张口伸颈，每次呼吸发出尖叫声；有的症状较轻。病鸡腹泻，拉水样粪便，有带有未消化完全的饲料，有拉灰绿色或黄绿色稀粪；产蛋率下降，蛋壳质量差。产蛋率下降幅度与感染毒株的毒力、鸡群发病先后以及是否用过鸡流感疫苗有关。7～10d降到低点，病愈1～2周开始缓慢上升，恢复很慢。恢复期畸形蛋、小型蛋多，蛋清稀薄。软壳蛋、褪色蛋、白壳蛋、破壳蛋、畸形蛋明显增多。

（3）慢性和隐性型 慢性禽流感传播速度慢，逐渐蔓延。出现轻微的呼吸道症状，采食量减少10%左右，产蛋率下降5%～10%，消化道症状不明显。褪色蛋和砂壳蛋多；隐性型无任何症状，不明原因产蛋率下降5%～40%。

3. 病理变化

气管黏膜充血、水肿并拌有浆液性到干酪性不等的渗出物，气囊增厚，内有纤维样或干酪样灰黄色的渗出物。口腔内有黏液，嗉囊内有大量酸臭的液体，腺胃肿胀，乳头出血（见彩图3），有脓性分泌物，肠道充血和出血，胰腺出血坏死（见彩图4）。严重病鸡群可见到各种浆膜和黏膜表面有小出血点，体内脂肪有点状或斑状出血。

4. 诊断

根据病的流行情况、症状和剖检变化初步诊断，但要确诊须做病原分离鉴定和血清学试验。血清学检查是诊断禽流感的特异性方法。

5. 防制

（1）预防

①加强综合控制。不从疫区或疫病流行、情况不明的地区引种或调入鲜活禽产品。控制外来人员和车辆进入养鸡场；不混养家畜家禽；保持饮水卫生；家禽粪便和垫料堆积发酵或焚烧，堆积发酵不少于20d；流行季节每天可用过氧乙酸、次氯酸钠等开展1~2次带鸡消毒和环境消毒，平时每2~3d带鸡消毒一次；病死鸡不能在市场流通，进行销毁处理。

②增强机体的抵抗力。保持适宜的环境，提供全面充足的营养，减少应激发生。

③免疫接种。详见附表1、附表2。

（2）发病后措施　鸡发生高致病性禽流感应坚决执行封锁、隔离、消毒、扑杀等措施。

（二）鸡新城疫

鸡新城疫，俗名伪鸡瘟，是由副黏病毒引起的一种主要侵害鸡和火鸡的急性、高度接触性和高度毁灭性的疾病。临床上表现为呼吸困难、下痢、神经症状、黏膜和浆膜出血，常呈败血症。

1. 流行特点

病鸡是本病的主要传染源，在其症状出现前24h可由口、鼻分泌物和粪便中排出病毒，在症状消失后5~7d停止排毒。轻症病鸡和临床健康的带毒鸡也是危险的传染源。传播途径是消化道和呼吸道，污染的饲料、饮水、空气和尘埃以及人和用具都可传染本病。

不分品种、年龄和性别，均可发生。现阶段出现了一些新的特点：如疫苗免疫保护期缩短；非典型新城疫呈多发趋势和与传染性法氏囊病、禽流感、霉形体病、大肠杆菌病等混合感染导致病情复杂，诊断困难；发病日龄越来越小，最小可见 10 日龄内的雏鸡发生。

2. 临床症状

不同毒力的毒株感染表现不同，临床分为如下类型。

（1）速发嗜内脏型　各种年龄急性致死性（死亡率可达90%）。精神不好，呼吸次数增多、死前衰竭；眼及喉部水肿；腹泻严重，排绿色而有时带血的粪便；食欲减退；产蛋率突然下降或停产。

（2）速发型嗜神经型　发病突然，呼吸困难、咳嗽和气喘，头颈伸直，食欲减少或消失，产蛋率下降或停产。数日出现颈扭转、腿麻痹等神经症状（见彩图5）。有时病鸡类似于健康，受到刺激突然倒地，抽搐、就地转圈，数分钟后又恢复正常。成年鸡死亡率10%～50%，雏鸡80%～90%。鼻、喉、气管等呼吸道内有浆液性或卡他性渗出物，气管内偶见出血，气管增厚并有渗出干酪物，渗出物多由混合感染引起。

（3）中发型　各日龄鸡均表现食欲下降，伴有轻度呼吸道症状，产蛋率下降5%～10%，蛋壳变化明显。

（4）缓发型　成年鸡不表现任何症状，雏鸡仅有少数出现轻度的呼吸困难，在并发大肠杆菌病和支原体病时出现少量的死亡。慢性或非典型病例，直肠黏膜的皱褶呈条状出血，有的直肠黏膜可见黄色纤维素性坏死点。

3. 病理变化

典型鸡新城疫主要病理变化表现为全身败血症，以呼吸道和消化道最为严重。嗉囊内充满酸臭液体及气体（见彩图6），口腔和咽喉覆黏液，咽部黏膜充血，偶有出血。腺胃黏膜乳头的尖端或分散在黏膜上有出血点，特别是在腺胃和肌胃交界处出血更为明显（见彩图7）。腺胃黏膜肿胀，肌胃角质层下有出血斑，有时形成粟粒状不规则的溃疡。

小肠前段出血明显，尤其是十二指肠黏膜和浆膜出血。盲肠扁桃体肿大、出血和坏死，这种坏死呈岛屿状隆起于黏膜表面（见彩图8）。呼吸道病变见于鼻腔及喉充满污浊的黏液和黏膜充血，偶有出血气管内积有黏液，气管环出血明显（见彩图9）。产蛋母鸡的卵泡和输卵管显著充血、出血（见彩图10），卵泡膜极易破裂，以致卵黄流入腹腔引起卵黄腹膜炎。肾多表现充血及水肿，输尿管内积有大量尿酸盐。病理变化与鸡群免疫状态有关。有部分免疫力的鸡感染新城疫强毒后，出现轻微临床症状，主要表现为呼吸系统和神经症状，腺胃出血不明显，病变检出率低，往往以非典型出现。非典型新城疫的腺胃轻度肿胀，观察重点是肠道变化，十二指肠的黏膜，盲肠扁桃体，回直肠黏膜等部位的出血灶。

4. 诊断

根据流行特点、临床症状和病理变化做出初步诊断，利用病毒分离鉴定、血清学方法、直接的病毒抗原检测等实验室手段确诊。

5. 防制

（1）预防

①科学饲养管理。做好鸡场的隔离和卫生工作，严格消毒，减少环境应激，增强机体的抵抗力；控制好传染性法氏囊病、鸡痘、霉形体病、大肠杆菌病、传染性喉气管炎和传染性鼻炎的发生。

②科学免疫接种。详见附表1、附表2。

（2）发病后措施

①隔离饲养，紧急消毒。一旦发生本病，采取隔离饲养措施，防止疫情扩大；对鸡舍和鸡场环境以及用具进行彻底的消毒，每天进行1～2次带鸡消毒；垃圾、粪污、病死鸡和剩余的饲料进行无害化处理；不准病死鸡出售流通；病愈后对全场进行全面彻底消毒。

②紧急免疫或应用血清及其制品。发生新城疫时，最好用4倍量新城疫Ⅰ系苗饮水，每月1次，直至淘汰。或用新城疫Ⅳ系、新城疫Ⅱ系苗作2～3倍肌内注射，使其尽快产生坚强免疫力；发病青年鸡和雏鸡应用新城疫Ⅰ系苗或新城疫克隆－30苗进行滴鼻或紧急免疫注射，同时注射灭活苗0.5～1羽份，使参差不齐的抗体效价水平得以提高并达到相对均衡，从而控制疫情。若为强毒感染，则应按重大疫情发生后的方法处理；或在发病早期注射抗新城疫血清、卵黄抗体（2～3ml/kg体重），可以减轻症状和降低死亡率。

（三）马立克病

鸡马立克病，是由鸡马立克病病毒引起的一种淋巴组织增生性疾病。可引起外周神经、内脏器官、肌肉、皮肤、虹膜等部位发生淋巴细胞样细胞浸润并发展为淋巴瘤。本病由于具有早期感染，后期发病和发病后无有效治疗方法，所以危害性更大，预防工作尤显重要。

1. 流行特点

不同品种、品系的鸡均能感染，但抵抗力差异很大。年龄上，1～3月龄鸡感染率最高，死亡率50%～80%，随着鸡日龄增加，感染率会逐渐下降。刚出壳雏鸡的感染率是50日龄鸡的100

倍。性别上，母鸡比公鸡更易感。本病传染源是病鸡和带毒鸡，病毒存在于病鸡的分泌物、排泄物、脱落的羽毛和皮屑中。病毒可通过空气传播，也可通过消化道感染。附着在羽毛根部或皮屑的病原可污染种蛋外壳、垫料、尘埃、粪便而具有感染性。

本病发病率和死亡率视免疫情况、饲养管理措施和马立克病病毒毒力强弱而差异很大。孵化场污染、育雏舍清洁消毒不彻底、育雏温度不适宜和舍内空气污浊等都可以加剧本病的感染和发生。现在出现的强毒力和超强毒力株加速了本病的感染发病。一般说死亡率和发病率相等。如不使用疫苗，鸡群的损失可从几只到30%，偶尔可高达60%，接种疫苗后可把损失减少到5%以下。

2. 临床症状

本病的潜伏期很长，种鸡和产蛋鸡常在16～22周龄（现在有报道发病提前）出现临床症状，可迟至24～30周龄或60周龄以上。马立克病的症状随病理类型不同而异，但各型均有食欲减退、生长发有停滞、精神萎靡、软弱、进行性消瘦等共同特征。

（1）神经型　最常见的是腿、翅的不对称性麻痹，出现单侧性下垂（见彩图11）和腿劈叉姿势（见彩图12）、颈部神经受损时可见鸡头部低垂、颈向一侧歪斜，迷走神经受害时，出现嗉囊扩张或呼吸急促。最常受侵害的神经有腰荐神经丛、坐骨神经、臂神经、迷走神经等。这种损害常是一侧性的，表现为神经纤维肿大、失去光泽、颜色由白色变为灰黄或淡黄，横纹消失，有的神经纤维发生水肿。此外常伴发水肿。

（2）内脏型　病鸡精神委顿，食欲减退，羽毛松乱，粪便稀薄，病鸡逐渐消瘦死亡。严重者触摸腹部感到肝脏肿大。

（3）皮肤型　毛囊周围肿大和硬度增加，个别鸡皮肤上出现弥漫样肿胀或结节样肿物。（见彩图13）眼观特征为皮肤毛囊肿大，镜下除在羽毛囊周围组织发现大量单核细胞浸润外，真皮内还可见血管周围淋巴细胞、浆细胞等增生。

（4）眼型　视力减退以至失明，出现灰眼或瞳孔边缘不整如锯样，虹膜色素减退甚至消失（见彩图14）。

3. 病理变化

（1）神经型　通常可以在一根或许多外周神经和脊神经根或神经节找到病变（见彩图15）。

（2）内脏型　以内脏受损和出现肿瘤为特点，常见于性腺、心、肺、肝、肾、腺胃、胰等器官。肿瘤块大小不等，灰白色，质地坚硬而致密（见彩图16~17）。镜检可见多形态的淋巴细胞，瘤细胞核分裂象。

（3）皮肤型　肿瘤大部分以羽毛为中心，呈半球状凸出于皮肤表面，也有的在羽毛之间与相邻的肿瘤融合成血块，严重的形成淡褐色结痂。

4. 诊断

可根据流行病学、临床症状以及病理变化做出初步诊断。最后确诊有赖于病毒分离、细胞培养、琼扩、荧光抗体法、酶联免疫吸附试验以及核酸探针等方法。

5. 防制

发病后没有可靠的治疗办法，必须做好预防。

（1）加强饲养管理　实行全进全出的饲养制定，绝对避免不同日龄鸡群混养；育雏期保持温度、湿度适宜和稳定，空气新鲜，避免密度过大，减少环境应激；饲料要优质，避免霉变；加强对球虫病的防治；育雏室进雏前应彻底清扫，用福尔马林熏蒸消毒并空舍1~2周。采取封闭饲养，每天带鸡消毒1次（育雏后期可每周带鸡消毒 2 ~ 3 次）；做好隔离卫生工作。

（2）免疫接种 详见附表 1、附表 2。

（四）鸡传染性法氏囊病

鸡传染性法氏囊病，是由传染性法氏囊病病毒引起的一种主要危害雏鸡的免疫抑制性、高度接触性传染病。以突然发病、病程短、发病率高、法氏囊受损和鸡体免疫机能受抑制为特征。

1. 流行特点

病鸡和带毒鸡是本病的主要传染源。本病通过呼吸道、消化道、眼结膜高度接触传染。污染的饲料、饮水和环境可引起传播，吸血昆虫和老鼠带毒也是传染媒介。主要侵害 2 ~ 15 周龄的鸡，其中以 3 ~ 6 周龄的幼鸡多发，成年鸡一般呈阴性经过。发病快，痊愈也快，呈特征性的尖峰式死亡曲线。

目前，传染性法氏囊病的流行表现出一些新特点：出现强毒株（vIBDV）和超强毒株（vvIBDV）病毒，危害更加严重；鸡的发病日龄明显变宽，病程延长（最早 1 日龄，最晚产蛋鸡都可发病）；免疫抑制，增加了患病鸡对多种病原的易感性。易与新城疫、鸡败血支原体病、大肠杆菌病、曲霉菌病并发感染，易继发新城疫、鸡败血支原体病、马立克病、禽流感、曲霉菌病、盲肠肝炎等。

2. 临床症状

在易感鸡群中，本病往往突然发生，潜伏期短，感染后 2 ~ 3d 出现临床症状。病鸡下痢，排浅白色或淡绿色稀粪，粪便中常含有尿酸盐，肛门周围的羽毛被粪污染或沾污泥土。病鸡食欲减退，畏寒，精神委顿，头下垂，眼睑闭合，羽毛无光泽，蓬松，严重脱水干瘪，最后衰竭死亡（见彩图 18）。5 ~ 7d 达到高峰，以后开始下降。病程一般为 5 ~ 7d，长的可达 2 ~ 3 周。本病发生快，痊愈也快。

本病在初次发病的鸡场，多呈显性感染，症状典型。一旦暴发流行后，多出现亚临床症状，死亡率低，常不易引起人们注意，但由于其产生的免疫抑制严重，因此危害性更大。

3. 病理变化

病死鸡呈现脱水、胸肌发暗，股部和腿部肌肉出血，呈斑点或条状（见彩图19）。腺胃和肌胃交界处有出血斑或散在出血点（见彩图20）。肠道内黏液增多，肾脏肿大、苍白，有尿酸盐沉积（见彩图21）。法氏囊浆膜呈胶冻样肿胀，有的法氏囊可肿大2~3倍，呈点状或出血斑，严重者法氏囊内充满血块，外观呈紫色葡萄状（见彩图22）。病程长的法氏囊萎缩（见彩图23）。

4. 诊断

根据该病的流行病学、临床症状（迅速发病、高发病率、有明显的尖峰式死亡曲线和迅速康复）和肉眼病理变化可初步做出诊断，确诊需根据病毒分离鉴定及血清学试验。

5. 防制

（1）预防

①加强隔离和消毒。要封闭育雏，避免闲杂人员进入。进入育雏舍和育雏区的设备用具要消毒；做好育雏前和育雏过程中的全面消毒工作，如送鸡前采用2%火碱、0.3%次氯酸钠、1%的农福、复合酚消毒剂等喷洒或用甲醛熏蒸；带鸡消毒可用过氧乙酸、复合酚消毒剂、氯制剂等效果良好。

②免疫接种。详见附表1、附表2。

（2）发病后的措施

①保持适宜的温度（气温低的情况下适当提高舍温）；每天带鸡消毒；适当降低饲料中的蛋白质含量（降低到15%左右），

提高维生素的含量。适当提高鸡舍的温度，饮水中加5%的糖，减少各种应激。

②注射高免卵黄。20日龄以下0.5ml/只；20～40日龄1.0ml/只；40日龄以上1.5ml/只。病重者再注射1次。与新城疫混合感染，可以注射含有新城疫和传染性法氏囊病抗体的高免卵黄。

③水中加入硫酸安普霉素或强效阿莫西林等复合制剂防治大肠杆菌病。

④另外中药制剂板蓝根治疗也有一定疗效。

（五）鸡白痢

鸡白痢，是由鸡沙门菌引起的一种常见和多发的传染病。本病特征为幼雏感染后常呈急性败血症，发病率和死亡率都高，成年鸡感染后，多呈慢性或隐性带菌，可随粪便排出，因卵巢带菌，严重影响孵化率和雏鸡成活率。

1. 流行特点

各种品种的鸡对本病均有易感性，以2～3周龄以内雏鸡的发病率与病死率为最高，呈流行性。随着日龄的增加，鸡的抵抗力也增强。成年鸡感染常呈慢性或隐性经过。现在也常有中雏和成年鸡感染发病引起较大危害的情况发生。

本病可经蛋垂直传播，也可水平传播。种鸡可以感染种蛋，种蛋感染雏鸡。孵化过程中也会引起感染。病鸡的排泄物及其污染物是传播本病的媒介物，可以传染给同群未感染的鸡。环境污染，卫生条件差，温度过低，潮湿、拥挤、通风不良，饲喂不良以及其他疾病，如霉形体病、曲霉菌病、大肠杆菌等混合感染，都可加重本病的发生和死亡。

2. 临床症状

感染种蛋孵化一般在孵化后期或出雏器中可见到已死亡的胚胎和垂死的弱雏，出壳后表现衰弱、嗜睡、腹部膨大、食欲丧失，绝大部分经 1~2d 死亡。

出壳后感染的雏鸡，多在孵出后几天才出现明显症状，2~3 周大量死亡。病雏表现精神委顿，绒毛松乱，两翼下垂，缩头缩颈，闭眼昏睡，不愿走动，拥挤在一起。病初食欲减少，而后停食，多数出现软嗉症状。同时腹泻，排稀薄如糊糊状粪便，肛门周围绒毛被粪便污染，有的因粪便干结封住肛门周围，影响排粪。由于肛门周围炎症引起疼痛，故常发生尖锐的叫声，最后因呼吸困难及心力衰竭而死。有的病雏出现眼盲，或肢关节呈跛行症状。

40~80d 的青年鸡，在密度过大，环境卫生条件恶劣，饲养管理粗放，气候突变，饲料突然改变或品质差等应激因素的影响下会突然发病，鸡群中不断出现精神、食欲差和下痢的鸡只，常突然死亡。病程可拖延 20~30d。

成年鸡白痢多是由雏鸡白痢的带菌者转化而来的，呈慢性或隐性感染，一般不见明显的临床症状，当鸡群感染比例较大时，明显影响产蛋量，产蛋高峰不高，维持时间短，种蛋的孵化率和出雏率均下降。有的鸡鸡冠萎缩，有的鸡开产时鸡冠发育尚好，以后则表现出鸡冠逐渐变小、发绀。病鸡时有下痢。

3. 病理变化

早期死亡的雏鸡，肝脏肿大充血或有条纹状出血，胆囊扩张充满胆汁（见彩图 24），肺充血或出血。病程长的卵黄吸收不全，卵黄囊的内容物质变成淡黄色并呈奶油样或干酪样黏稠物。肝、肺、心脏、肠道及肌胃上有黄色坏死点或小结节（见彩图 25），心包增厚。盲肠常可出现干酪样栓子。肾充血或贫血，输尿管显著膨大，有时在肾小管中有尿酸盐沉积。

青年鸡白痢突出的病理变化是肝脏肿至正常的数倍，整个腹腔常被肝脏覆盖，肝的质地极脆，一触即破，被膜上可见散在或较密的小红点或小白点，腹腔充盈血水或血块，脾脏肿大，心包扩张，心包膜呈黄色不透明。心肌可见数量不一的黄色坏死灶，严重的心脏变形、变圆。整个心脏几乎被坏死组织代替。肠道呈卡他性炎症，肌胃常见坏死。

成年鸡白痢表现卵巢与卵泡变形、变色及变性，卵巢未发育或发育不全，输卵管细小，卵子变形如呈梨形、三角形、不规则等形状，卵子变色如呈灰色、黄灰色、黄绿色、灰黑色等不正常色泽，卵泡或卵黄囊内的内容物变性，有的稀薄如水，有的呈米汤样，有的较黏稠呈油脂样或干酪状。有病理变化的卵泡或卵黄囊常可从卵巢上脱落下来，成为干硬的结块阻塞输卵管，有的卵子破裂导致卵黄性腹膜炎，肠道呈卡他性症状。

4. 诊断

依据本病在不同年龄鸡群中发生的特点以及病死鸡的主要病理变化，不难做出确切诊断。

5. 防制

（1）预防 种鸡场严格检疫，利用血清学试验，剔除阳性反应的带菌者。第 1 次检疫在 60～70 日龄，第 2 次在第 16 周进行，以后每隔 1 个月进行 1 次，直至全群阳性率不超过 0.5% 为止；严格消毒。做好种蛋、孵化过程和雏鸡入舍前后的消毒工作；保持适宜的育雏温度，保持饲料和饮水卫生，可使用抗菌药物或微生态制剂进行预防。

（2）药物防治

①磺胺类。磺胺嘧啶、磺胺甲基嘧啶和磺胺二甲基嘧啶为首选药，在饲料中添加不超过 0.5%，饮水中可用 0.1%～0.2%，连续使用 5d 后，停药 3d，再继续使用 2～3 次。

②呋喃唑酮。在饲料中添加 0.03%～0.04%，连喂 1 周，停药 3～5d，再继续使用。对鸡白痢有较好的效果。

其他抗菌药物如金霉素、土霉素、四环素、庆大霉素、氟哌酸、卡那霉素均有一定疗效。

（六）鸡霍乱

鸡霍乱，是一种侵害鸡和野鸡的接触性疾病，又名鸡巴氏杆菌病、鸡出血性败血症。本病常出现败血性症状，发病率和死亡率很高，但也常出现慢性或良性经过。

1. 流行特点

本病一年四季均可发生，但在高温多雨的夏、秋季节以及气候多变的春季最容易发生。本病常呈散发或地方性流行，16 周龄以下的鸡一般具有较强的抵抗力。慢性感染鸡被认为是传染的主要来源。细菌经蛋传播很少发生。大多数家畜都可能是多杀性巴氏杆菌的带菌者，污染的笼子、饲槽等都可能传播病原。多杀性巴氏杆菌在鸡群中的传播主要是通过病鸡口腔、鼻腔和眼结膜的分泌物进行的，这些分泌物污染了环境，特别是饲料和饮水。粪便中很少含有活的多杀性巴氏杆菌。鸡群的饲养管理不良、体内寄生虫病、营养缺乏、气候突变、鸡群拥挤和通风不良等，都可使鸡对鸡霍乱的易感性提高。

2. 临床症状和病理变化

（1）最急性型　几乎看不到症状突然死亡，晚上和肥胖鸡多见。病鸡无特殊病变，有时只能看见心外膜有少许出血点。

（2）急性型　病鸡主要表现为精神沉郁，羽毛松乱，缩颈闭眼，头缩在翅下，不愿走动，离群呆立。病鸡常有腹泻，排出黄色、灰白色或绿色的稀粪。体温升高到 43～44℃，减食或不食，渴欲增加。呼吸困难，口、鼻分泌物增加。鸡冠和肉髯变青紫色，有的病鸡肉髯肿胀（见彩图26），有热痛感，产蛋鸡停止产蛋。最后发生衰竭，昏迷而死亡，病程短的约半天，长的1～3d。病鸡的腹膜、皮下组织及腹部脂肪常见小点出血。心包变厚，心包内积有多量不透明淡黄色液体，有的含纤维素絮状液体，心外膜、心冠脂肪出血尤为明显（见彩图27）。肺有充血或出血点。肝脏的病变具有特征性，肝稍肿，质变脆，呈棕色或黄棕色。肝表面散布有许多灰白色、针头大的坏死点。脾脏一般不见明显变化，或稍微肿大，质地较柔软。肌胃出血显著，肠道尤其是十二指肠呈卡他性和出血性肠炎，肠内容物含有血液。

（3）慢性型　鸡鼻孔有黏性分泌物流出，鼻窦肿大，喉头积有分泌物而影响呼吸。经常腹泻。病鸡消瘦，精神委顿，冠苍白。有的病鸡一侧或两侧肉髯显著肿大，随后可能有脓性干酪样物质，或干结、坏死、脱落。有的病鸡有关节炎，常局限于脚或翼关节和腱鞘处，表现为关节肿大、疼痛、脚趾麻痹，因而发生跛行。病程可拖至一个月以上，但生长发育和产蛋长期不能恢复。慢性型因侵害的器官不同而有差异。当以呼吸道症状为主时，见到鼻腔和鼻窦内有多量黏性分泌物，某些病例见肺硬变。局限于关节炎和腱鞘炎的病例，主要见关节肿大变形，有炎性渗出物和干酪样坏死。公鸡的肉髯肿大，内有干酪样的渗出物，母鸡的卵巢明显出血，有时卵泡变形，似半煮熟样。

3. 诊断

根据病鸡流行病学、剖检特征、临床症状可以初步诊断，确诊。

4. 防制

（1）预防　加强饲养管理，平时严格执行鸡场兽医卫生防疫措施是防制本病的关键措施；定期在饲料中加入抗菌药。每吨饲料中添加40～45g喹乙醇或杆菌肽锌，具有较好的预防作用。

（2）发病后的措施　及时采取封闭、隔离和消毒措施，加强对鸡舍和鸡群的消毒；有条件的地方应通过药敏试验选择有效药物全群给药。磺胺类药物、红霉素、庆大霉素、环丙沙星、恩诺沙星、喹乙醇均有较好的疗效。土霉素或磺胺二甲基嘧啶按0.5%～1%的比例拌料，连用3～4d。或喹乙醇0.2～0.3g/kg拌料，连用1周（或30mg/kg体重，每天饲喂1次，连用3～4d）。对病鸡按每千克体重青霉素水剂1万IU肌内注射，2～3次/d。明显病鸡采用大剂量的抗生素进行肌内注射1～2次，这对降低死亡率有显著作用。在治疗过程中，药的剂量要足，疗程合理，当鸡只死亡明显减少后，再继续投药2～3d以巩固疗效防止复发。

（七）大肠杆菌病

大肠杆菌病，是由大肠埃希杆菌的某些致病性血清型菌株引起的疾病总称。

1. 流行特点

各种年龄的鸡都能感染，幼鸡易感性较高。发病早的有4日龄、7日龄，也有大鸡发病。本病一年四季均可发生，但以冬末春初较为常见。发病率和死亡率，与血清型和毒力、有无并发或继发、环境条件是否良好、采取措施是否及时有效等有关。本病可经消化道（污染饲料和饮水，尤以污染饮水引起发病最为常见）、呼吸道（携有本菌的尘埃被易感鸡吸入，进入下呼吸道后侵入血流引起发病）、蛋壳穿透和经蛋传播，另外还可以通过交配、断喙、雌雄鉴别等途径传播。鸡群密集、空气污浊、过冷过热、营养不良、饮水不洁都可促使本病流行。

本病常易成为其他疾病的并发病和继发病。常与沙门菌病、传染性法氏囊病、新城疫、支原体病、传染性支气管炎、葡萄球菌病、盲肠肝炎、球虫病等并发或继发。

2. 临床症状和病理变化

（1）急性败血型　病鸡不显症状而突然死亡，或症状不明显，部分病鸡离群呆立、或拥挤扎堆，羽毛松乱，食欲减退或废绝，排黄白色稀粪，肛门周围羽毛污染。发病率和死亡率较高。主要病变表现为心包积液，心包膜混浊、增厚、不透明，甚至内有纤维素性渗出物，与心肌相粘连。肝脏不同程度肿大，表面有不同程度的纤维素性渗出物，甚至整个肝脏为一层纤维素性薄膜所包裹。腹腔有数量不等的腹水，混有纤维素性渗出物，或纤维素性渗出物充斥于腹腔肠道和脏器间，根据经验，这3种纤维素性炎症具有诊断意义。

（2）雏鸡脐炎　病雏软弱、腹胀、畏寒聚集，下痢（白色或黄绿色），有刺激性恶臭味。腹部膨大，直肠内积水样粪便，脐孔未闭合呈蓝黑色，卵黄囊不吸收或吸收不良，内有黄绿色、干酪、黏稠或稀薄的水样，脓样内容物。肝黄土色、质脆，有斑状或点状出血。死亡率达10%以上。

（3）气囊炎　表现咳嗽和呼吸困难。气囊壁增厚、混浊，囊内常有白色的干酪样渗出物。心包腔有浆液纤维素性渗出物，心包膜和心外膜增厚。腹腔积液，肝脏肿大，肝周炎（见彩图28），有胶样渗出物包围，肝被膜混浊、增厚，有纤维素附着。

（4）大肠杆菌性肉芽肿　外表无可见症状。可见盲肠、直肠和回肠的浆膜上有土黄色脓肿或肉芽结节，肝脏上坏死灶。

（5）全眼球炎　舍内污浊、大肠杆菌含量高、年龄大幼雏易发。其他症状的后期出现一侧性。眼睑封闭，外观肿胀，内有脓性和干酪性物（见彩图29），眼球发炎。

（6）卵黄性腹膜炎　病、死母鸡，外观腹部膨胀、重坠，剖检可见腹腔积有大量卵黄（见彩图30），卵黄变性凝固，肠道或脏器间相互粘连。

（7）输卵管炎　多见于产蛋期母鸡，输卵管充血、出血，或内有多量分泌物，产生畸形蛋和内含大肠杆菌的带菌蛋，严重者减蛋或停止产蛋。

（8）生殖器官病　患病母鸡卵泡膜充血，卵泡变形，局部或整个卵泡红褐色或黑褐色，有的硬变，有的卵黄变稀。有的病例卵泡破裂，输卵管黏膜有出血斑和黄色絮状或块状的干酪样物（见彩图31；公鸡睾丸膜充血，交媾器充血、肿胀。

（9）肠炎　肠黏膜充血、出血，肠内容物稀薄并含有黏液血性物，有的腿麻痹，有的病鸡后期眼睛失明。

3. 诊断

根据流行特点、临床症状和病理变化可做出初步诊断，确诊需要细菌学检查。

4. 防制

（1）预防　做好隔离卫生工作，严格控制饲料和饮水的卫生和消毒，做好其他疫病的免疫，保持舍内清洁卫生和空气良好，减少应激；采用本地区发病鸡群的多个菌株或本场分离的菌株制成的大肠杆菌灭活苗（自家苗）进行免疫接种有一定的预防效果。需进行2次免疫，第1次在4周龄，第2次在开产前。免疫时使用免疫促进剂：如维生素 E 0.03%、左旋咪唑 0.02% 拌饲。

或维生素 C 按 0.2% ~0.5% 拌饲或饮水。或维生素 A 1.6 万 ~2 万 IU/kg 饲料拌饲。或电解多维按 0.1% ~0.2% 饮水连用 3 ~5d。

（2）发病后措施　大肠杆菌对多种抗生素、磺胺类和呋喃类药物都敏感。由于易产生耐药性，使用时最好进行药敏试验。每 100kg 水加 8 ~10g 丁胺卡那霉素，自由饮用 4 ~5d，或每 100kg 水加 8 ~10g 氟苯尼考，自由饮用 3 ~4d，治疗效果较好。

（八）鸡曲霉菌病

鸡曲霉菌病，幼鸡多发且呈急性群发性，发病率和死亡率都很高，成年鸡则为散发，其主要特征是在呼吸器官组织中发生炎症并形成肉芽肿结节。

1. 流行特点

胚胎期及 6 周龄以下的雏鸡比成年鸡易感，4 ~12 日龄最为易感，幼雏常呈急性暴发，发病率很高，死亡率一般在 10% ~50%，成年鸡仅为散发，多为慢性。本病可通过多种途径感染，曲霉菌可穿透蛋壳进入蛋内，引起胚胎死亡或雏鸡感染，此外，通过呼吸道吸入、肌内注射、静脉、眼睛接种、气雾等感染本病。曲霉菌经常存在于垫料和饲料中，在适宜条件下大量生长繁殖，形成曲霉菌孢子，若严重污染环境与种蛋，可造成曲霉菌病的发生。

2. 临床症状和病理变化

幼鸡发病多呈急性经过，病鸡表现呼吸困难，张口呼吸，喘气，有浆液性鼻漏。食欲减退，饮欲增加，精神委顿，嗜睡。羽毛松乱，缩颈垂翅。后期病鸡迅速消瘦，发生下痢。若病原侵害眼睛，可能出现一侧或两侧眼睛发生灰白混浊，也可能引起一侧眼肿胀，结膜囊有干酪样物。若食道黏膜受损时，则吞咽困难。少数鸡由于病原侵害脑组织，引起共济失调，角弓反张，麻痹等神经症状。一般发病后2~7d死亡，慢性者可达2周以上，死亡率一般为5%~50%。若曲霉菌污染种蛋及孵化后，常造成孵化率下降，胚胎大批死亡。成年鸡多呈慢性经过，引起产蛋率下降，病程可拖延数周，死亡率不定。

病理变化主要在肺和气囊上，肺脏可见散在的粟粒，大至绿豆大小的黄白色或灰白色的结节（见彩图32），质地较硬，有时气囊壁上可见大小不等的干酪样结节或斑块。随着病程的发展，气囊壁明显增厚，干酪样斑块增多、增大，有的融合在一起。后期病例可见在干酪样斑块上以及气囊壁上形成灰绿色霉菌斑。严重病例的，腹腔、浆膜、肝或其他部位表面有结节或圆形灰绿色斑块。

3. 诊断

根据发病特点（饲料、垫草严重污染发霉，幼鸡多发且呈急性经过）、临床特征（呼吸困难）、剖检病理变化（在肺、气囊等部位可见及白色结节或霉菌斑块）等，做出初步诊断，确诊必须进行微生物学检查和病原分离鉴定。

4. 防制

（1）预防　应防止饲料和垫料发霉，使用清洁、干燥的垫料和无霉菌污染的饲料，避免鸡接触发霉堆放物，改善鸡舍通风和控制湿度，减少空气中霉菌孢子的含量。为了防止种蛋被污染，应及时收蛋，保持蛋库与蛋精卫生。

（2）发病后措施

①隔离消毒。及时隔离病雏，清除污染霉菌的饲料与垫料，清扫鸡舍，喷洒1:2 000的硫酸铜溶液，换上不发霉的垫料。严重病例扑杀淘汰，轻症者可用1:2 000或1:3 000的硫酸铜溶液饮水连用3~4d，可减少新病例的发生，有效地控制本病的继续

蔓延。

②药物治疗。制霉菌素，成年鸡每只 15～20mg，雏鸡 3～5mg，混于饲料喂服 3～5d，有一定疗效。病鸡用碘化钾经口治疗，每 1L 水加碘化钾 5～10g，具有一定疗效。

二、寄生虫病防治

（一）球虫病

鸡球虫病，是一种或多种球虫寄生于鸡肠道黏膜上皮细胞内引起的一种急性流行性原虫病。雏鸡的发病率和致死率均较高。病愈的雏鸡生长受阻，增重缓慢；成年鸡多为带虫者，但增重和产蛋能力降低。

1. 流行特点

各个品种的鸡均有易感性，15～50 日龄的鸡发病率和致死率都较高，成年鸡对球虫有一定的抵抗力。11～13 日龄内的雏鸡因有母源抗体保护，极少发病。病鸡是主要传染源，苍蝇、甲虫、蟑螂、鼠类和野鸟都可以成为机械传播媒介。凡被带虫鸡污染过的饲料、饮水、土壤和用具等，都有卵囊存在。鸡吃了感染性卵囊就会暴发球虫病。

饲养管理条件不良，鸡舍潮湿、拥挤、卫生条件恶劣时，最易发病。在潮湿多雨、气温较高的梅雨季节易暴发球虫病。

2. 临床症状和病理变化

病鸡精神沉郁，羽毛蓬松，头蜷缩，食欲减退，嗉囊内充满液体，鸡冠和可视黏膜贫血、苍白，逐渐消瘦，病鸡常排红色胡萝卜样粪便，若感染柔嫩艾美尔球虫，开始时粪便为咖啡色，以后变为完全的血粪，如不及时采取措施，致死率可达 50% 以上。若多种球虫混合感染，粪便中带血液，并含有大量脱落的肠黏膜。

病鸡消瘦，鸡冠与黏膜苍白，内脏变化主要发生在肠管，病变部位和程度与球虫的种别有关。柔嫩艾美尔球虫主要侵害盲肠，两支盲肠显著肿大，可为正常的 3～5 倍，肠腔中充满凝固的或新鲜的暗红色血液（见彩图 33），盲肠上皮变厚，有严重的糜烂。毒害艾美尔球虫损害小肠中段，使肠壁扩张、增厚，有严重的坏死。在裂殖体繁殖的部位，有明显的淡白色斑点，黏膜上有许多小出血点。肠管中有凝固的血液或有胡萝卜色胶冻样内容物。巨型艾美尔球虫损害小肠中段，可使肠管扩张，肠壁增厚；内容物黏稠，呈淡灰色、淡褐色或淡红色。堆型艾美尔球虫多在上皮表层发育，并且同一发育阶段的虫体常聚集在一起，在被损害的肠段出现大量淡白色斑点。哈氏艾美尔球虫损害小肠前段，肠壁上出现大头针针头大小的出血点，黏膜有严重的出血。若多种球虫混合感染，则肠管粗大，肠粘膜上有大量的出血点，肠管中有大量带有脱落的肠上皮细胞的紫黑色血液。

3. 诊断

根据临床症状、流行病学资料、病理剖检情况和病原检查结果初步诊断。生前用饱和盐水漂浮法或粪便涂片查到球虫卵囊，或死后取肠黏膜触片或刮取肠黏膜涂片查到裂殖体、裂殖子或配子体，均可确诊。

4. 防制

（1）加强饲养管理　保持鸡舍干燥、通风和鸡场卫生，定期清除粪便，堆放、发酵以杀灭卵囊。保持饲料、饮水清洁，笼具、饲槽、水槽定期消毒，一般每周 1 次，可用沸水、热蒸气或 3%～5% 热碱水等处理。日粮中添加 0.25～0.5mg/kg 硒可增强鸡对球虫的抵抗力。补充足够的维生素 K 和给予 3～7 倍推荐量的维生素 A 可加速鸡患球虫病后的康复。成年鸡与雏鸡分开喂养，以免带虫的成年鸡散播病原导致雏鸡暴发球虫病。

（2）药物防治　常用的药物如下。

①氯苯胍。预防按 30 ~ 33mg/kg 浓度混饲，连用 1 ~ 2 个月；治疗按 60 ~ 66mg/kg 混饲 3 ~ 7d，后改预防量予以控制。

②磺胺类药。如磺胺喹恶啉（SQ），预防按 150 ~ 250mg/kg 浓度混饲或按 50 ~ 100mg/kg 浓度饮水，治疗按 500 ~ 1 000mg/kg 浓度混饲或 250 ~ 500mg/kg 饮水，连用 3d，停药 2d，再用 3d。16 周龄以上鸡限用。与氨丙啉合用有增效作用。横胺间二甲氧嘧啶（SDM），预防按 125 ~ 250mg/kg 浓度混饲，16 周龄以下鸡可连续使用；治疗按 1 000 ~ 2 000mg/kg 浓度混饲或按 500 ~ 600mg/kg 饮水，连用 5 ~ 6d，或连用 3d，停药 2d，再用 3d。磺胺间六甲氧嘧啶（SMM），混饲预防浓度为 100 ~ 200mg/kg；治疗按 100 ~ 2 000mg/kg 浓度混饲或 600 ~ 1 200mg/kg 饮水，连用 4 ~ 7d。与乙胺嘧啶合用有增效作用。对治疗已发生感染的优于其他药物，故常用于球虫病的治疗。

③氯羟吡啶（克球粉，可爱丹）。混饲预防浓度为 125 ~ 150mg/kg，治疗量加倍。育雏期连续给药。

④氨丙啉。可混饲或饮水给药。混饲预防浓度为 100 ~ 125mg/kg，连用 2 ~ 4 周；治疗浓度为 250mg/kg，连用 1 ~ 2 周，然后减半，连用 2 ~ 4 周。应用本药期间，应控制每千克饲料中维生素 B_1 的含量以不超过 10mg 为宜，以免降低药效。

⑤硝苯酰胺（球痢灵）。混饲预防浓度为 125mg/kg，治疗浓度为 250 ~ 300mg/kg，连用 3 ~ 5d。

⑥其他药物。莫能霉素，预防按 80 ~ 125mg/kg 浓度混饲连续使用。与盐霉素合用有累加作用。或盐霉素（球虫粉，优素

精），预防按 60~70mg/kg 浓度混饲连续使用。或马杜霉素（抗球王、杜球、加福），预防按 5~6mg/kg 浓度混饲连续使用。

球虫病的预防用药程序是：雏鸡从 13~15 日龄开始，在饲料或饮水中加入预防用量的抗球虫药物，一直用到上笼后 2~3 周停止，选择 3~5 种药物交替使用，效果良好。

（3）免疫预防　资料表明应用鸡胚传代致弱的虫株或早熟选育的致弱虫株给鸡免疫接种，可使鸡对球虫病产生较好的预防效果。也有人利用强毒株球虫采用少量多次感染的滴口免疫法给鸡接种，可使鸡获得坚强的免疫力，但此法使用的是强毒球虫，易造成病原传播，生产中应慎用。

（二）鸡蛔虫病

鸡蛔虫病是鸡常见的一种线虫病，是鸡蛔虫寄生于小肠内所引起的。鸡蛔虫是鸡线虫最大的一种，虫体黄白色，像豆芽菜的茎秆，雌虫大于雄虫。虫卵椭圆形，深灰色。对外界因素和消毒药抵抗力很强，但在阳光直射、沸水处理和粪便堆沤等情况下，可使之迅速死亡。

虫卵随粪便排出，在外界环境发育（经 10~12d 发育）成具侵袭性虫卵。这种含有幼虫，具有致病力的虫卵污染饲料、饮水并被鸡吃过后，在鸡体内又发育成成虫。从感染到发育成成虫需 35~50d。3 月龄以内的鸡最易感染，病情也较重，尤其是平养鸡群和散养鸡，发病率较高。超过 3 月龄的鸡抵抗力较强，一岁以上鸡不发病，但可带虫。营养水平、环境条件、清洁卫生、温度、湿度、管理质量等因素影响本病的发生和流行。

感染鸡生长不良，精神萎靡，行动迟缓，羽毛松乱，贫血，食欲减退、异食、泻痢，粪中常见蛔虫排出。剖检时，小肠内见有许多淡黄色豆芽梗样的线虫（见彩图 34），雄虫长约 50~

76mm，雌虫长约65~110mm。粪便检查可发现蛔虫卵。

预防措施是及时清除积粪和垫料，清洗消毒饮水器和饲槽；不同日龄的鸡要分开饲养，定时驱虫；发病后可用驱蛔灵、驱虫净、左旋咪唑、硫化二苯胺等药物治疗。

三、营养代谢病、中毒病防治

(一) 痛风

鸡痛风是一种由蛋白质代谢障碍引起的高尿酸血症，其病理特征为血液尿酸水平增高，尿酸盐在关节囊、关节软骨、内脏、肾小管及输尿管中沉积。

1. 病因

大量饲喂富含核蛋白和嘌呤碱的蛋白质饲料（动物内脏、肉屑、鱼粉、大豆、豌豆等）；饲料含钙或镁过高；肾功能不全；慢性铅中毒，石炭酸、升汞、草酸、霉玉米等中毒，引起肾病；鸡患肾病变型传染性支气管炎、传染性法氏囊病、鸡腺病毒鸡包涵体肝炎和鸡减蛋综合征等传染病；患雏鸡白痢、球虫病、盲肠肝炎等寄生虫病；以及患淋巴细胞性白血病、单核细胞增多症和长期消化紊乱等疾病过程，都可能继发或并发痛风。

2. 临床症状与病理变化

（1）一般症状　本病多呈慢性经过，早期发现的病鸡，食欲不振，饮水量增加，精神沉郁，不喜运动，脱毛，排白色石灰样稀粪，有的混有绿色或黑色粪，并污染肛门周围羽毛。以后鸡冠、肉髯苍白、贫血，有时呈紫蓝色。鸡只消瘦，嗉囊常充满糊状内容物，停食，衰竭而死。少数病鸡口流淡褐色或暗红色黏液。个别病鸡关节肿胀，运动障碍，腿发绀且褪色。若严重时出现跛行，进而不能站立，腿和翅关节增大、变形。

（2）内脏型痛风　比较多见，但临床上通常不易被发现。主要呈现营养代谢障碍、腹泻和血液中尿酸水平增高。此特征颇似家鸡单核细胞增多症。死后剖检的主要病理变化，在胸膜、腹膜、肺、心包、肝、脾、肾、肠及肠系膜的表面散布许多石灰样的白色尖屑状或絮状物质。此为尿酸钠结晶。有些病例还并发有关节型痛风。

（3）关节型痛风　多在趾前关节、趾关节发病，也可侵害翅关节。关节肿胀（见彩图35），起初软而痛，界限多不明显，以后肿胀部逐渐变硬，微痛，形成不能移动或稍能移动的结节，结节有豌豆大或蚕豆大小，病程稍久，结节软化或破裂，排出灰黄色干酪样物，局部形成出血性溃疡。病鸡往往呈蹲坐或独肢站立姿势，行动迟缓，跛行。剖检时切开肿胀关节，可流出浓厚、白色黏稠的液体，黏液含有大量由尿酸、尿酸铵、尿酸钙形成的结晶，沉着物常常形成一种所谓的"痛风石"。

3. 诊断

根据病因、病史、特征性症状和病理变化即可诊断。必要时采病鸡血液检测尿酸的量，以及采取肿胀关节的内容物进行化学检查，呈紫尿酸铵阳性反应，显微镜观察见到细针状和禾束状尿酸钠结晶或放射形尿酸钠结晶，即可进一步确诊。

4. 防治

（1）预防　加强饲料管理，防止饲料霉变；饲料中蛋白质和钙含量添加适宜；科学用药和加强饲养管理，减少疾病发生。

（2）治疗　鸡群发生痛风后，首先要降低饲料中蛋白质含量，适当给予青绿饲料。并立即投以肾肿解毒药，按说明书进行饮水投服，连用3~5d，严重者可增加一个疗程。然后可以使用如下药物治疗。

①大黄苏打片拌料。每千克重 1.5 片，2 次/d，连用 3d，重病鸡可逐只直接投服或经口补盐液饮水。

②双氢克尿噻拌料。每只鸡每次 10～20mg，1～2 次/d，连用 3d。

(二) 黄曲霉毒素中毒

黄曲霉毒素中毒是鸡的一种常见的中毒病，该病由发霉饲料中霉菌产生的毒素引起。本病的主要特征是危害肝脏，影响肝功能，肝脏变性、出血和坏死，腹水，脾肿大及消化障碍等。并有致癌作用。

1. 病因

黄曲霉菌是一种真菌，广泛存在于自然界，在温暖潮湿的环境中最易生长繁殖，其中有些毒株可产生毒力很强的黄曲霉毒素。当各种饲料成分（谷物、饼类等）或混合好的饲料污染这种霉菌后，便可引起发霉变质，并含有大量黄曲霉毒素。家鸡食入这种饲料可引起中毒，其中以幼龄的鸡，特别是 2～6 周龄的雏鸡最为敏感，饲料中只要含有微量毒素，即可引起中毒，且发病后较为严重。

2. 临床症状和病理变化

2～6 周龄雏鸡敏感，表现沉郁，嗜睡，食欲不振，消瘦，贫血，鸡冠苍白，虚弱，尖叫，拉淡绿色稀粪，有时带血，腿软不能站立，翅下垂。成年鸡耐受性稍高，多为慢性中毒。症状与雏鸡相似，但病程较长，病情和缓，产蛋减少或开产推迟，个别可发生肝癌，呈极度消瘦的恶病质而死亡。

急性中毒，剖检可见肝充血、肿大、出血及坏死，色淡呈灰白色，胆囊充盈。肾苍白肿大。胸部皮下、肌肉有时出血。慢性中毒时，常见肝硬变，体积缩小，颜色发黄，并有白色点状或结节状病灶。个别可见肝癌结节，伴有腹水。心肌色淡，心包积水。胃和嗉囊有溃疡，肠道充血、出血。

3. 诊断

根据本病的症状和病变特点，结合病鸡有食入霉败变质饲料的发病史，即可做出初步诊断。确诊需要依靠实验室检查，即检测饲料、死鸡肠内容物中的毒素或分离出饲料中的霉菌。

4. 防治

平时搞好饲料保管，注意通风，防止发霉；不用霉变饲料喂鸡。为防止发霉，可用福尔马林对饲料进行熏蒸消毒。目前对本病还无特效解毒药，发病后应立即停喂霉变饲料，更换新料，饮服5%葡萄糖水。用2%氯酸钠对鸡舍内外进行彻底消毒。中毒死鸡要销毁或深埋，不能食用。鸡粪便中也含有毒素，应集中处理，防止污染饲料、饮水和环境。

第七章

蛋鸡场的环境污染与环境管理

第一节 蛋鸡场的环境污染

一、蛋鸡场环境污染产生的原因

(一) 经营方式的转变

20世纪80年代以前，我国畜牧业多为分散式经营，或者在农村中仅作为一种副业生产，规模小，粪便可作肥料及时就地处理，恶臭物质可很快自然扩散，对环境的污染不严重。现阶段，我国畜牧业逐渐由农村副业发展成独立的产业，规模由小变大，经营方式由分散到集中，由副业到产业化，饲养管理方式向高密度、集约化、机械化和工厂化方向转变，随之粪尿及污水量大大增加。因而，由于畜牧业经营方式的改变、饲养规模扩大和家畜生产的集中，使单位土地面积上载畜量增大，废弃物产量超过了农田的消纳量。这些废弃物如不及时被处理，任意排放或施用不当，就会污染周围空气、土壤和水源等，形成畜产公害，威胁人畜健康。

据报道，目前我国蛋鸡的规模化饲养量占到了蛋鸡总饲养量的44.2%，各规模化养殖企业在提供大量肉蛋产品的同时，也不可避免的产生了大量的废弃物。就鸡粪一项而言，1只鸡日排粪约0.1kg，一个饲养10万只的工厂化养鸡场年产鸡粪达360万 kg。由此可见，规模鸡场会产生大量废弃物，如不进行有效的处理就直接进入周围环境，会造成严重的环境污染和生态破坏。

(二) 化学肥料的推广使用

随着化学工业的发展，化学肥料的生产量越来越大，而价格越来越低，运输、储存、使用也都比较方便，增产效果显著。相反，家畜粪肥体积大，施用量多，装运不便，劳动工资及运输费用相对较高。这样就造成家畜粪肥使用量减少，粪肥积压，变为废弃物，难以处理，形成"畜产公害"。本来家畜的粪尿是很好的有机肥料，经过处理，将粪肥施入农田，除能供给农作物养分外，还可改进土壤的理化性质，提高土壤肥力，改善农产品品质。但是，如对畜粪不进行科学处理，就会污染周围环境，造成畜产公害。

(三) 兽药、饲料添加剂滥用

生产者和经营者无节制过量使用微量元素添加剂，使畜禽粪便中的锌、铜、铁、硒含量过高，对环境造成了新的污染。生产者盲目增加饲料蛋白质含量，使粪尿中氮的含量增加，对土壤、水体构成了新的污染。生产者为预防疾病，促进动物生长，盲目使用抗生素造成药物在粪便中残留，污染环境。

二、鸡场废弃物对环境的危害

蛋鸡场废弃物主要包括鸡粪、死鸡、污水和孵化场的蛋壳、无精蛋、死胎、毛蛋及弱死雏鸡等，会造成以下方面的污染。

(一) 污染空气

鸡场的空气污染主要来源于粪便。据报道,一个存栏 72 万只鸡的规模化蛋鸡场,每小时向大气排放 41.4kg 尘埃、1 748 亿个菌体、2 087 m^3 CO_2、13.3kg NH_3 和 2 148 kg 总有机物。鸡粪中的 NH_3、H_2S、NO_2、CO_2、CH_4 等有害气体在鸡舍蓄积,尤其到了夏季,不仅会影响鸡的生长发育,诱发呼吸道疾病,也会影响工作人员的身心健康。同时,有的养殖场离居民区较近,由于恶臭污染问题,导致与周围群众关系十分紧张,有的甚至引发社会矛盾。

(二) 传播病菌,危害人畜健康

鸡生产的废弃物如果得不到合理的处置,会造成环境中微生物的污染。如:死鸡会滋生出许多微生物,直接对生产场的健康鸡和员工形成威胁;鸡粪中含有大量的寄生虫、虫卵、病原菌、病毒等,会滋生蚊蝇,传播病菌,尤其是人畜共患病时,若不妥善处理,可能引起疫情的发生,进而危害人畜健康。

(三) 污染水体和土壤

鸡粪及污水中含有大量 N、P 化合物,其污染负荷很高。鸡场废弃物被随意排入水体,粪便有机物在水中发生厌氧分解,产生胺、吲哚、甲基吲哚、硫醇、硫化氢、氨等恶臭物质使地面水变臭变黑;粪便有机物在水体微生物作用下分解产生大量的 N、P,导致水体富营养化,造成持久性的有机污染,使原有水体丧失使用功能,极难治理和恢复。

畜禽排泄物中还带有生产中大量使用的促长剂—金属化合物以及细菌、病毒及其他微生物等,它们进入水源和土壤,将会污染地下水系,亦会对人畜造成危害。

第二节 蛋鸡场的环境管理

一、废弃物的减量排放与管理

（一）加强废弃物减量排放的营养调控

在精确估测蛋鸡的营养物质需求参数和准确了解饲料原料组成及生物学特性基础上，通过日粮营养调控及合理使用饲料添加剂可以降低排泄物中的氮、磷、铜、锌、砷等元素的含量，减少臭气的产生，缓解规模化、集约化养殖场对环境造成的压力。

1. 严格选择易消化、吸收利用率高的饲料原料

选用符合要求的优质的饲料原料。首先，要选择易消化、营养变异小的原料。据测定，饲料利用率每提高 0.25%，可以减少粪中 5%~10% 氮的排出量。目前，锌、锰、铁、钴、铜等矿物质通常以氧化物或硫酸盐的形式添加到饲料中，它们在胃中的酸环境下分解为离子，为防止其形成无法吸收的不溶性物质，可利用它们与某些有机配合基（如氨基酸或小分子肽）结合生成的络合物和螯合物做矿物质添加剂，以保证其吸收率。

2. 利用可利用或有效饲料原料营养素配制日粮

首先，氨基酸需要量的确定。Fuller（1990）认为，确定日粮蛋白质水平，既要考虑配料中氨基酸的消化率和利用率，又要考虑动物利用氨基酸沉积蛋白质的能力。以粗蛋白质或总氨基酸为基础配制口粮是很不准确的，因为从饲料蛋白质到动物体细胞中，可利用的氨基酸存在着很大差异。同时，不同饲料中所含氨基酸的消化率可相差 2 倍多，氨基酸的需要量应根据可消化和可

利用氨基酸的浓度和摄入量来计算。此外，还要考虑鸡的不同品种以及能量摄入水平、动物所处的环境条件等。

其次，重视确定磷的需要量。谷物和植物蛋白源所提供的饲料中含有大量的磷，然而这些磷大部分与植酸结合，植酸磷不能被动物利用。植物性磷源的生物学效价只有 14% ~ 50%，因为大部分植酸磷都被排出体外。因此以有效磷为基础配置日粮或者选择有效磷含量较高的原料可以降低磷的排出。

3. 科学配制理想的蛋白质、氨基酸平衡的日粮

研究资料表明，畜禽粪便、圈舍排泄污物、废弃物及有害气体等均与畜禽日粮中的组成成分有关。依据"理想蛋白质模式"配制的口粮，即口粮的氨基酸水平与动物的氨基酸水平相符合，可提高其消化率，减少含氮有机物的排泄量，是控制恶臭物质的重要措施。据报道，通过理想模型计算出的口粮粗蛋白质的水平每低出 1%，粪尿氨气的释放量就下降 10% ~ 12.5%。因此，在满足有效氨基酸需要的基础上，可以适当降低日粮的蛋白质水平。

利用氨基酸平衡营养技术，在基础日粮中适量添加合成氨基酸，相应降低粗蛋白质水平，既可节省蛋白质饲料资源，又可减少畜禽排泄物中氮排泄量。畜禽日粮中氮的利用率通常只有 30% ~ 50%，要提高氮的利用率，必须提高日粮氨基酸的平衡。有报道指出，在日粮氨基酸平衡性较好的条件下，日粮蛋白质降低 2 个百分点对动物的生产性能无明显影响，而氮排泄量却能下降 20%；应用相同氨基酸水平而粗蛋白水平低 4% 的日粮，可使动物的总氮排泄量降低 49%（$P < 0.01$），而生产性能未受影响。因此，在畜禽日粮中使用合成氨基酸，能提高日粮氮利用率，减少粪尿氮排出量。从而节约饲料蛋白质，减少了氮的污染。

4. 合理使用环保、营养型饲料添加剂

环保型饲料添加剂的使用不但可提高饲料营养素的消化利用率，减少粪尿的排泄，还可作为抗生素饲料添加剂的替代品，降低养鸡的用药量，从而减轻环境污染。

（1）沸石粉等硅酸盐的使用　20世纪60年代，日本曾先把天然沸石用于畜牧业，作为畜牧场的除臭剂。前苏联也将沸石称之为"卫生石"，不仅可把沸石撒在粪便及其畜舍的地面上，降低舍内有害气体的含量，吸收空气与粪便中的水分，有利于调节环境中的湿度，还可作为添加剂添加到饲料中，以补充畜禽所需要的微量元素，提高口粮的消化利用率，减少粪尿中含氮、硫等有机物质的排放，提高动物的生产性能。

（2）添加酶制剂　目前，应用于饲料中的酶依其作用底物有蛋白酶、纤维素（半纤维素）分解酶、淀粉酶、脂肪酶、非淀粉多糖酶、果胶分解酶和植酸酶等。除植酸酶为单一酶制剂产品外，其余多为复合酶。它们主要来源于微生物（真菌、细菌和酵母等）发酵物，用于动物生产，可以补充机体内源酶的不足，激活内源酶的分泌，破坏植物细胞壁，使营养物质释放出来，提高了淀粉和蛋白质等营养物质的可利用性；破坏饲料中可溶性非淀粉多糖，降低消化道食糜的黏度，增加了营养的消化吸收；同时，可以部分或全部消除植酸、植物凝集素和蛋白酶抑制因子等抗营养成分。

（3）有机酸制剂的使用　有机酸可把胃蛋白质酶原激活为胃蛋白酶，促进蛋白质的分解，提高小肠内胰蛋白酶和淀粉酶的活性，减慢胃的排空速度，延长口粮在胃内的消化时间，增进动物对蛋白质、能量和矿物质的消化吸收，提高氮在体内的存留；同时能通过降低胃肠道的 pH 值改变胃肠道的微生物区系，抑制或杀灭有害微生物,促进有益菌群的生长增殖。木醋酸的 pH 值为 2.3~3.0,可杀死粪便中的产气微生物,从而使粪中的臭气发生量减少,日本利用木醋酸液在养鸡农家广泛使用来防除恶臭物质。

(4)微生态制剂的使用 微生态制剂是指能够促进动物机体内微生物生态平衡的有益微生物或其发酵产物。随着国际上不断要求抗生素添加剂禁止在动物饲料中添加,微生态制剂在养殖中的作用日益显现。目前,市场上微生态制剂有很多,既有单一菌制剂,又有复合菌制剂,使用较多的,如酵母、霉菌、乳酸杆菌、双歧杆菌、光合杆菌、有益微生物群(EM)和益生素等。研究发现,微生态制剂对环境除具有明显的效果,其作用机理为:①动物摄入大量的有益微生物后,可改善胃肠道环境,形成生态优势有益菌群,从而抑制了腐败细菌的生长活动,促进了营养素的消化吸收,减少了氨气、硫化氢的释放量和胺类物质的产生;②有益菌群在生长繁殖时能以氨、硫化氢等物质为营养或受体,因此,一部分臭气可被微生物利用;③微生态制剂中的有些微生物(如真菌)还有一定的固氮的功能,从而减少了氨氮(NH_4-N)在碱性条件下的挥发,从而改善饲养环境。

(5)低聚糖的使用 低聚糖又称寡糖,是由 2~10 个单糖通过糖苷键链结的小聚合体,介于单体单糖与高密度聚合的多糖之间。中等分子的非淀粉多糖经过相应酶的不完全水解可产生小分子寡糖。研究发现,寡糖仅被一些含有特定糖苷键酶的有益菌利用,发酵产生短链脂肪酸,降低肠道内 pH 值,抑制有害菌的生长与繁殖。同时,低聚糖还可以结合病原菌产生的外源凝集素,避免病原菌在肠道上皮的附着。在饲料中适量添加,可促进动物肠道内双歧杆菌及乳酸菌等有益微生物的增殖,同时抑制沙门氏杆菌、大肠杆菌等病原菌的生长繁殖，改善肠道微生态，增强机体免疫力，防止腹泻；其次还能促进饲料中蛋白质和矿物质等元素的代谢吸收，从而提高动物的生长性能，改善动物的健康状况，降低了粪臭素的产生水平。

（6）中草药添加剂的使用　中草药不但可提供给动物丰富的氨基酸、维生素和微量元素等营养物质，能提高饲料的利用率，减少口粮中污染物的排放，促进畜禽生长；而且含有多糖类、有机酸类、甙类、黄酮类和生物碱类等多种天然的生物活性物质，可与臭气分子反应生成挥发性较低的无臭物质，同时中草药还具有杀菌消毒的作用，可增强机体的免疫力，抑制病原菌的生长与繁殖，降低其分解有机物的能力，使臭气减少。

通过蛋鸡日粮营养调控措施，不但可提高饲料中营养物质的消化利用率，改善了生产性能，而且减少了生产中药物的使用，降低氮、磷、微量元素和恶臭物质等污染源的排放，保护了生态环境。

（二）加强污水的减排与处理

1. 开展清洁生产，减少污水的产生

鸡场污水的主要来源有水槽末端流出的浑水，洗刷鸡舍、设备、用具的脏水等，这些污水中有 10% ~ 20% 的固形物，如饲料、粪便、蛋液、毛屑等，如果任其流淌，特别是进入阴沟，会发酵，产生有害气体，如氨气、硫化氢、沼气等，污染周围环境。污水渗漏到地下，会污染水源。据测定，每只成年产蛋鸡平均产粪 103g/d，需冲洗水 300g/d，故污水量是很大的。因此，应按照 GB18596—2001 的要求，积极开展清洁生产，尽量减少污水的排放量，并妥善处理。

2. 污水简易净化处理的方法

（1）农田淌灌　鸡的粪水通过农田水渠会同灌溉水流入农田淌灌。淌灌时，水中的粪便有机物通过物理沉淀、土壤吸附、微生物分解及作物根系吸收等综合利用，被降解和利用。鸡的粪水在淌灌前必须预先熟化，防止鸡粪水中的寄生虫卵及病原引入农田。鸡粪水农田淌灌是畜牧业与农业通过农田灌溉渠道因地制宜有机地结合起来的体系，具有投资省、运转费用低及操作简便的优点。

（2）蔬菜田地下渗灌　鸡粪水先经化粪池厌氧消化，消灭致病菌，在解决卫生条件的基础上进行地下渗透、地下渗灌，集灌溉、施肥与污水处理于一体向发挥多种综合功能，变废为宝，并能使蔬菜生产达到稳定、高产、优质和卫生目标。

（3）鱼塘利用净化　鸡粪水进入鱼塘前，先进行初步的沉淀、过滤处理，去除大部分粗颗粒物质。沉淀过滤污泥经浓缩干化后还田。粪便污水注入鱼塘的量，应以鱼塘面积和水体中有机物本底含量为参考标准，一般鱼塘水质有机物中化学耗氧量应控制在 500mg/L 以内，水中溶解氧含量应不低于 5mg/L。

（4）笼养鸡舍粪水分流处理利用　笼养鸡舍内部结构经过简易改进，饮水槽中的饮水不再流入粪沟形成水鸡粪。这样含水量低的干鸡粪由于贮、运、施方便，且肥效较高，深受广大农户欢迎。此外，新鲜鸡粪的养分含量高，可用来生产颗粒有机肥料和膨化饲料，使鸡粪充分得到资源化利用。含残余饲料的饮用水经简易过滤后可回收数量可观的残余饲料，这些饲料可用于养猪或喂鱼，从而降低养猪、养鱼的生产成本。粪水处理工艺流程见图 7－1。

总之，不管用哪种方式处理污水，都应达到 GB 18596—2001

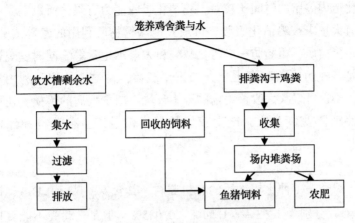

图 7 −1 粪水处理工艺流程

规定的排污标准后方可排放。

（三）加强舍内有害物质的控制

鸡舍内由于鸡群的呼吸、排泄以及粪便、饲料等有机物分解，产生了氢、硫化氢、甲烷、粪臭素等有害气体，同时在舍内由于生产工作的进行也使空气中的灰尘、微生物等比舍外大气中的浓度大大增高，所以日常生产中必须要注意通风换气，及时清扫鸡舍。同时为减少舍内微生物数量，防止疾病的传播，须建立严密的防疫制度，而且应把防疫工作放在首位。鸡场尽可能采用"全进全出制"，定期清扫、冲洗和消毒；平时应注意通风，减少舍内灰尘、水汽以及有害气体；及时清粪和排除污水，减少其在舍内分解的机会。

二、粪便的无害化处理与利用

鸡粪是鸡场的主要废弃物和最大的污染源，也是鸡场产生臭气和蚊蝇滋生的直接根源。由于鸡的消化道短，鸡采食的饲料在消化道内停留的时间比较短，鸡消化吸收能力有限，所以鸡粪中含有大量未被鸡消化吸收、可被其他动植物所利用的营养成分，如粗蛋白质、粗脂肪、必需氨基酸和大量维生素等。同时，鸡粪也是多种病原菌和寄生虫卵的重要载体，科学地处理和利用鸡粪，不仅可以大大改善鸡场的卫生环境，减少疾病的传播，还可以使鸡粪变废为宝，产生较好的社会效益，生态效益和经济效益。

（一）用作肥料

鸡粪是一种比较优质的有机肥料，其含氮、磷（P_2O_5）、钾（K_2O）分别为 1.63%、1.54%、0.085%。但是，鸡粪不能直接施用到作物上，因为，鸡粪如果不经处理直接施入土壤，某种条件下它发发酵并产生大量热量，而烧毁作物的根系。同时，鸡粪可能带有寄生虫卵及病原微生物，会给作物带来病害隐患。因此，鸡粪用作肥料前，必须经过无害化处理。具体的处理方法有。

1. 干燥法

干燥处理是利用燃料、太阳能、风等能量，对鸡粪便进行处理。干燥的目的，不仅在于减少粪便中的水分，而且还要达到除臭和灭菌（包括一些致病菌和寄生虫等）的效果。因此，干燥后的粪便大大降低了对环境的污染。将干燥后的粪便加工成颗粒肥料，或作为畜禽的饲料，具有多种用途。具体而言，干燥法又分为自然干燥、高温快速干燥、微波干燥等方法。自然干燥法能充分利用自然条件和成本较低，但干燥的速度太慢，且阴雨天不能作业。而微波干燥法、高温烘干法等虽然干燥速度快，可批量生产，杀菌、除臭熟化快，但能耗高，投资大，尤其是微波干燥，一次性投资较大，能耗较多。

2. 生物发酵法（堆肥）

鸡粪除含有大量有机质和氮、磷、钾及其他微量元素等植物必需的营养元素及各种生物酶和微生物，是一种优质的有机肥。但粪便中的营养成分必须经微生物降解腐熟，即堆肥化处理后才能被植物利用。如果不加处理地施用鲜粪，有机质经在降解过程中产生的热量、氨和硫化氢等会对植物根系不利。粪便中含有大量的病原体，还有可能对环境造成恶臭和病原菌污染。因此，对粪便进行堆肥处理不但是解决畜禽污染问题的有效途径，也是实现废物资源化利用的有效方法。

堆肥在工艺上分为好氧堆肥和厌氧堆肥。好氧堆肥是在人工控制的好氧条件下，在一定水分、C/N 比和通风条件下，通过微生物的发酵作用，将对环境有潜在危害的有机质转变无害的有机肥料的过程。一个完整的堆肥过程由 3 个阶段组成，即升温阶段、高温平台阶段和基质消耗（包括中温降解和腐熟阶段）。因为在转换和利用有机物过程中化学能中有一部分转变成热能，使堆温迅速上升，达到 60～70℃。此时，除了易腐有机物继续分解外，一些较难分解的有机物（如纤维素、木质素等）也逐渐被分解，达到无害化的目的。腐殖质开始形成，堆肥物质进入"稳定状态"。经过高温阶段后，堆肥中的需氧量就逐渐减少。这时的畜禽粪便堆肥具有下述特点：自身产生一定的热量，并且高温持续时间长，不需外加热源，即可达到无害化；使纤维素这种难于降解的物质分解，使堆肥物料有了较高程度的腐殖化，提高有效养分；基建费用低、容易管理、设备简单；产品无味无臭、质地疏松、含水率低、容重小、便于运输施用和后续加工复合肥。

厌氧堆肥是在无氧的条件下，借厌氧微生物（主要是厌氧菌）将有机质进行分解，被分解的有机碳化物中的能量大部分转化储存在甲烷中，仅一小部分有机碳化物氧化成二氧化碳，释放的能量供微生物生命活动的需要。在这一分解过程中，仅积储少量的微生物。

（二）用作饲料

鸡粪不仅是农作物很好的有机肥料，也可用作牛羊或水产动物的饲料，但在绿色动物产品生产中禁用动物废弃物作饲料原料。鸡粪中含有较高的粗蛋白质、粗纤维、氨基酸和矿物质等营养成分，科学处理后，可被利用作为补充饲料。以下介绍几种鸡粪处理办法。

1. 干燥法

①高温快速干燥。鲜鸡粪在不停运转的脱水干燥机中加热，在 500～550℃ 的高温下，很短的时间内可使水分降到 13% 以下，即可作饲料。这种干燥装置主要包括热发生器、燃烧室、干燥筒、旋风分离器、自动控制器等，国内尚没有研制出实用的此类设备。

②机械干燥。利用烘干机械设备进行干燥，多以电源加热，温度在 70℃ 时 12h，140℃ 时 1h，180℃ 时 30min，即可作饲料。以上两种方法需要一定的设备条件，适于大型集约化饲养场或饲料加工厂。

③自然干燥法。此法适于广大农户采用。在鸡粪中均匀掺入米糠或麦麸（20%～30%），在阳光下暴晒，干燥后过筛去除杂质，装入袋内或堆放于干燥处备用，饲喂时可按照一定比例添加。

2. 发酵法

①拌料发酵。将鸡粪与其他饲料按一定比例混合后发酵，即鲜粪 35%、米糠或秸秆粉 35%、切碎的青饲料 30% 混匀，喷清

水使水分达 60% 左右，装入缸内或砖砌的池内，用塑料膜封严，发酵 5d 左右，鸡粪变成黄绿色有酒糟味时即可饲用，夏天发酵时间可适当缩短。

②酒糟发酵。在鲜鸡粪中加入适量糠麸，再加入 10% 的酒糟和 10% 的水，拌匀后装入发酵池或缸中发酵 10～20h，再用 100℃蒸气灭菌，即可用作饲料。

③机械发酵。我国研制的 9FJ－500IA 型鸡粪再生饲料发酵机，温度可根据需要调节，3～4h 就可达到发酵目的。经过发酵后的鸡粪呈现黄褐色，有松散、有微酸香甜的气味。

3. 青贮法

按新鲜鸡粪 50%～65%，切碎的青玉米秸、禾本科牧草、块根块茎类饲料 25%，糠麸 10% 混合，含水量控制在 60% 左右（手握不住水），然后装入青贮池或窖内，踏实封严后 30～45d，即可用于牛、羊的饲喂。

4. 膨化法

又叫热喷法，即将鲜鸡粪先晾至含水量 30% 以下，再装入密闭的膨化（热喷）设备中，加热至 200℃左右，压强为 0.78～1.47MPa；经过 3～4min 处理，迅速将鸡粪喷出，其容积比原来可增大 30% 左右。此法处理效果甚佳，膨松适口，富香味，有机质消化率可提高 10 个百分点。鸡粪经过上述预处理后，可以加工成饲料。

由于鸡中粗蛋白质的组成中 47%～69% 为非蛋白氮，主要以尿酸形式存在。牛、羊等反刍家畜可以将鸡粪中的非蛋白氮在瘤胃中经微生物分解利用，合成菌体蛋白，然后被畜体消化吸收利用。由于鸡粪中存在抗生素、重金属等残留问题，且存在一些疫病在畜种间传递的可能性，鸡粪用作饲料时要特别谨慎。

(三) 作为能源

1. 直接焚烧法

鸡粪便的主要固体物质是有机物，其中含有机碳高达25% ~ 30% (干基)。借用垃圾焚烧处理技术，在焚烧炉 (800 ~ 1 000℃) 下充分燃烧成为灰渣，产生的热量可用于发电等。这种方法可使粪便在较短时间内减量90%以上，并杀灭粪便中的有害病菌和虫卵，但技术投资大，处理费用昂贵，燃烧时释放大量 CO_2 和其他有害气体，对大气环境有不良影响。

2. 生物能利用

鸡粪通过厌氧发酵等处理后，鸡粪中的高分子有机物质分解，产生沼气，沼气是一种高热值的可燃气体，可以为生产或生活提供清洁能源。因此，在能源比较缺乏的温暖地区，用鸡粪生产沼气不失为一种较理想的选择。常见的是将鸡粪和草或秸秆按一定比例混合进行发酵，或与其他家畜的粪便 (如猪粪) 混合，同时产生的沼液和沼渣是很好的肥料。因此，以大型鸡场产生的废弃物为原料，建立沼气发酵工程，获得清洁能源，发酵残留物还可多级利用，可以明显改善生态环境，应大力倡导和发展。

三、病死蛋鸡的处理

在饲养过程中，鸡只的死亡是不可避免的，这些死鸡如不及时处理，尸体会很快分解腐败，不仅污染周围的场地、水源、空气等，极易造成疫病的传播和蔓延。因此，处理死鸡，要按 GB 16548—2006《病害动物和病害动物产品生物安全处理规程》的要求及时作无害化处理。

(一) 焚烧法

以油或电为热源，在高温焚尸炉内，将鸡烧成灰烬，能彻底杀灭病原微生物。是比较可靠的处理方法，但燃烧后的废气易造成空气的二次污染。

（二）深埋法

选择远离鸡场、水源和居民区空地，挖 2m 左右深的窄沟，坑底应铺撒生石灰等消毒药剂，根据预处理死鸡的数量来确定沟的长度，深埋后坑周围要散布消毒药剂防止环境污染。深埋法是一种简单的低成本处理方法，但易造成环境污染。

不管采用哪种处理方法，运死鸡的容器应消毒密封，以防运送过程中污染环境。值得注意的是，如果死鸡是因传染病死亡，必须进行焚烧处理。

四、大力发展生态养鸡业

（一）生态放养模式

这种模式主要是利用当地的林地、果园、草场、农田等作为放养场地进行蛋鸡的生态放养。鸡白天在林地、果园、草场、山场等放养场地自由觅食，充分利用了生态饲料资源，同时获得的野生饲料一方面可以减少人工饲喂饲料的数量，节省饲料开支，同时野生的动植物饲料中含有丰富的动物性蛋白质和多种氨基酸，并且还有大量叶黄素等营养物质，使鸡肉营养丰富"味道鲜美，蛋黄颜色橙黄，适口性增加，通过对饲养过程的科学管理，生产出无公害"绿色"有机的禽产品"鸡蛋"和"鸡肉"。

林地给鸡提供了自由活动"觅食"饮水的广阔空间，林地环境安静、空气新鲜、光照充足、有害气体少、饲养密度小，从而给鸡提供良好的生活环境，使鸡只健康、生长发育良好。养鸡产生的粪尿等废弃物可就地消纳，减少对周围环境的污染。适当适时的放牧，对林地的生产经营有利，通过林牧结合可使林地生态结构合理、提高生产率、增加收入。

我国南北各地林地自然资源差异较大，自然气候条件和市场消费需求各不相同，在利用林地进行蛋鸡的生态放养方面呈现多样化局面。各地可利用现有林木、竹林、果园、荒山荒坡、草场等进行适度规模的生态养鸡。

生态放养的模式通过建立良性物质循环，实现资源的综合利用，既解决农林争地矛盾，改善农业生态环境，又可提高自然资源利用率，增加农民收入，促进生态和经济协调发展，符合生态养殖的基本要求和生产实际。是很多地区发展生态养鸡的重要模式，具有良好的发展前景。

（二）种、养、能源配套的生态种养模式

这种生态养养殖模式是按生态学原理，以蛋鸡养殖为主、养种结合，农、牧、鱼、沼综合经营，形成生态、经济良性循环的生产模式。如鸡—沼—粮（果、菜）循环利用的生态种养的模式。

鸡—沼—粮（果、菜）生态养殖模式是为合理处理养鸡过程中产生的粪尿、污水等废弃物，对粪便中生物能加以利用，让鸡场排出的粪便污水进入沼气池，经厌氧发酵产生沼气，把沼气作为二次能源，可作为燃料，发电供民用，沼渣作为粮（果、菜）地的肥料，沼液可作优质饲料用于喂鱼、虾等，粮（果、菜）的加工副产品又可作为鸡的饲料，循环利用。

鸡—沼—粮（果、林、菜）的生态养殖模式形成了物质的循环利用，既可解决鸡场对环境的污染，又可为农业生产提供肥料，还可为农民生活和鸡场生产提供干净的能源。但建沼气池需要一定的投资，尤其规模化养鸡场沼气处理设施建设需要的一次性投资大，产生的沼渣、沼液最好有就近的土地利用，作为肥料施用到农田、果园、林地、菜地等。

（三）蛋鸡标准化、规模化生态养殖模式

严格按照养殖场建设标准的要求选址，规划建场，场内设生活区、管理区、生产区、粪便处理区，鸡舍设计合理，鸡场饲养现代高产蛋鸡品种，饲喂全价优质饲料，饲养技术规范，鸡舍环境控制技术先进，饲养过程的饮水、喂料、温控、湿度控制、通风、捡蛋等可根据鸡场实际条件配套机械化或自动化的设施、设备标准化，规模化的生态养鸡场，集约化水平高。饲养规模大，应严格控制品种、饲料、饲养管理、卫生防疫等各生产环节，确保鸡群健康，实现健康养殖。

结合各场的具体情况，采用不同的粪污处理方法，配备相应的设施设备，减少鸡粪对周围环境的污染，实现清洁生产。该种模式的生态鸡场，可根据实际情况，鸡场或附设沼气利用设施，或附设有机肥综合利用设施，或设集粪池不定期用送到农田做肥料或附近的有机肥厂进行处理，鸡场的污水进行预处理后达标排放或利用。

这种模式技术水平要求高，投资较大，管理难度较高，适合现代化、规模化养鸡场采用。可采用公司加合作社加基地加农户的产业链结合带动的方式，把养殖户联结起来，统一粪污处理方式，进行生态养殖。鸡场还可以在林间、果、园艺场选址建场，利用林木、排水渠等将场内不同功能区自然隔离，可在鸡舍间种植低矮经济作物，鸡粪可直接为林场、果园利用，或设置鸡粪微生物发酵生产车间，生产有机肥和有机无机复混颗粒肥，供本场或区域内的大棚生产有机水果或有机蔬菜使用。

蛋鸡标准化、规模化的生态养殖模式，综合考虑鸡场的环境安全，兼顾鸡场对周围环境的污染，采用综合的养殖、手段和途径，最后生产出安全、优质的禽产品，同时又做好环境保护的工作。

附　录

一、疫苗免疫注意事项

由于不同鸡场鸡群抗体水平不同，所以要制定适合本场实际的免疫程序，主要应考虑当地疾病流行情况、抗体水平、免疫应答能力、疫苗种类与免疫方法、各种疫苗的配合、疫苗对鸡健康和生产性能的影响等因素。

（一）疫苗的管理

①到信誉良好的疫苗经销处购苗。

②购买有国家批号的疫苗。

③购苗时注意疫苗的有效日期、类型，不能购买过期或接近失效期的疫苗。

④严格按照疫苗说明书上规定的保贮条件进行贮藏、运输，尽量减少中间环节。贮放疫苗时，应保持贮放温度的平稳，尤其是新城疫、传染性支气管炎等病毒性疫苗。如果贮放温度忽高忽低，反复冻融，疫苗效价会迅速降低，从而影响免疫效果。

（二）疫苗接种时的组织管理

要获得理想的免疫效果，除有高质量的疫苗、正确的接种途径外，还要有有效的组织管理作保障。

①每次接种疫苗前，要提前计划，并事先将使用的所有器具准备好，并经正确的消毒程序进行消毒。疫苗接种用器具不准用

化学消毒剂消毒，而只能用蒸煮办法进行消毒。

②免疫前，应对疫苗的外观、真实性、颜色等进行检查，必要时对疫苗的效价进行监测，确保疫苗的质量。

③如果同一天对不同日龄的鸡群进行接种或不同鸡群接种不同的疫苗时，每个鸡群所用的疫苗要用不同的箱子单独存放，并在疫苗接种前，再仔细核对疫苗的型号，重新核对免疫计划，避免发生错误。

④建立疫苗接种记录卡。内容包括接种日期、预定接种日期、鸡的品种、日龄、疫苗的种类、批号、制造厂家、失效日期、剂量、负责接种人员、鸡群状况、数量以及采取的非常规措施等，以备必要时查询。

⑤对盛装疫苗的空瓶、包装物等，要集中做焚烧处理，不可到处乱扔，更不能留在鸡舍内。

⑥稀释疫苗时，稀释倍数要准确，现用现配。

⑦疫苗使用前要充分振荡，使混悬物分布均匀，若疫苗中有不散的残渣、异物、霉变等，均不得使用。

⑧事先要将疫苗接种用器具如注射器、滴管等校正好，接种疫苗的头份要准确。

⑨对接种人员要进行培训，掌握正确的接种技术，不可临时拼凑人员，以保证免疫效果。

⑩注意疫苗的适宜接种日龄，如传染性支气管炎 H_{120} 疫苗用于 1 月龄以内的雏鸡，H_{52} 型疫苗只能用于 1 月龄以上的鸡。

⑪每种疫苗都有最佳的免疫途径，应严格按疫苗说明书中规定的使用方法进行接种。

⑫如果本地区尚未确定某种疫病的存在，不要盲目使用疫苗，否则会将新的疫病带入本地区，在使用活疫苗时应特别

注意。

⑬接种疫苗时，鸡群必须健康。当鸡群健康存在问题时，要推迟接种时间。疫苗接种后几天内，鸡群应避免进行断喙、转群、调群等，减少应激因素对产生免疫力的影响。

⑭接种前后 3～5d，饲料或饮水中应加入倍量多种维生素，以缓解接种产生的应激反应，对鸡群免疫力的产生也具有良好的促进作用。据报道，饲料中除维生素外，所有添加剂均影响疫苗的效价，特别是显示酸性或碱性的添加剂，免疫时应予以注意。

⑮及时进行疫苗接种后的监测。活苗接种 1 周后，灭活苗接种 2 周后进行。如果抗体水平较免疫前上升 2 个滴度，说明免疫成功，否则应重新免疫。

⑯活苗免疫的前后 2d，禁止进行带鸡喷雾消毒和饮水消毒。

⑰不同的疫苗不得混合使用。

⑱接种禽霍乱活苗的前后各 5d 停止使用抗菌类药物。接种病毒性疫苗时，前 2d 和后 3d 在饲料中添加抗菌药物，以防免疫接种应激引起其他细菌感染。各类疫（菌）苗的接种，还应投给 1 倍量的多种维生素，以强健体质。

（三）合理设计疫苗接种计划

由于养鸡水平、条件等诸因素不同，很难推荐一个固定的免疫程序。设计本地的免疫程序时，应注意掌握如下原则。

①免疫程序内容包括免疫接种不同生物制品的种类、接种时间、鸡的品种和日龄、接种方法、间隔期与剂量、不同疫苗的间隔期及联合接种等项。

②设计免疫程序时，首先应根据当地疫病流行的情况、鸡的品种和日龄、母源抗体水平、饲养条件、疫苗性质等因素制定，不能做统一规定，且需要根据具体发生的变化做必要的调整，切

忌生搬硬套。

③本地区尚未确认有某种疾病存在时，对该病的疫苗接种应慎重。

④确定首免日龄，克服母源抗体和其他病毒感染时的干扰和产生免疫抑制。如鸡早期患法氏囊病、马立克氏病、黄曲霉中毒以及各种疾病的复合感染，都会降低应答反应，抑制免疫力的产生。

（四）掌握正确的疫苗接种途径

疫苗接种途径很重要，每种疫苗都有各自的最佳接种方法，应严格按疫苗说明书上规定的接种途径进行接种。常用的疫苗接种方法有以下几种。

1. 皮下和肌肉注射

采用的器具为连续注射器，注射剂量一般为 0.2 ~ 1ml。肌肉注射一般用于 2 月龄以上的鸡，注射部位为腿肌、胸肌以及翅膀靠肩部无毛处肌肉为好，以防注入肝脏和胸腔。皮下注射的部分是颈背部皮下，方法是用拇指和食指将颈背中部 1/3 处的皮肤提起，从头部沿颈椎平行方向或稍呈一定角度向后插入针头，注射时以感觉到疫苗进入拇指、食指间的皮下组织为准。不可只提起羽毛，以防注入皮外而不知。在疫苗注射时，要调准注射器，避免打飞针，每只鸡换 1 个针头。

2. 滴鼻或点眼

一般用滴管将疫苗液滴进鸡的眼睛或鼻孔内，滴入量为 1 ~ 2 滴。事先要测定每只滴管每滴的量，以保证疫苗用量的准确。滴眼时看到滴进的疫苗在眼内一闪即消失，滴鼻时看到疫苗被吸进鸡的鼻孔内，然后才能将鸡放开。此种免疫方法可减少疫苗病毒被母源抗体的中和作用，对雏鸡效果理想。

3. 刺种

用特制的疫苗刺种针或蘸水笔尖蘸取疫苗，在鸡的翅内侧无毛处，交叉刺种2针即可，这种方法可用于鸡痘的免疫。刺种时要避开血管和关节，刺种鸡痘后7d，检查接种部位，若出现肿块、突起或结痂，表明鸡只已获得免疫力，接种成功，否则必须重新接种。刺种后，要计算疫苗的头份与所接种鸡的数量是否一致。

4. 饮水免疫

主要用于活苗的免疫接种。许多疫苗如新城疫Ⅰ、Ⅱ、Ⅲ、Ⅳ系苗，传染性支气管炎H_{120}、H_{52}，法氏囊苗等，均可通过饮水进行免疫、饮水免疫时，应事先停水3~4h（根据舍内温度具体调整停水时间），根据鸡的日龄计算饮水用量。所用的饮水中应不含任何消毒剂、酸、碱及重金属离子，并事先加入0.5%~1%的脱脂奶粉。备足饮水器械，以便使鸡都能同时饮服。疫苗现用现配，并于0.5h内饮完。饮水免疫的疫苗用量为1.5~3倍量。饮水免疫时应用不带任何消毒药的清洁水洗刷水槽，如需用消毒药液浸泡、洗刷水槽，则应用清水冲洗干净之后再作饮水免疫，并在饮水免疫前后2天内，避免使用含氯消毒剂在鸡舍内喷雾消毒，以保障所用疫苗的免疫效果。

5. 气雾免疫

适用于Ⅱ、Ⅳ系新城疫疫苗和传染性支气管炎H_{120}苗等。气雾方法同喷雾用药法，只是要求雾滴更小、更均匀。此外，鸡群要密集、避风，宜用于60日龄以上的鸡。

6. 擦肛法

只限于传染性喉气管炎等强毒苗。使用时要注意防止散毒。

无论采用哪种接种方法，都要根据鸡场劳力、环境条件、鸡的日龄、生产期等的不同状况选取，按要求规范操作，才能达到理想的效果。疫苗接种之后，要随时观察鸡群的反应，尤其要注意观察注射接种后的反应，有时注射后立即或经过一定的时间，鸡体发生一种接种反应，这种反应可能是局部的，则在接种部位出现普通的炎症反应（红、肿、热、痛）；有时则是全身性反应，则体温升高，食欲减少，精神不振，产蛋量降低等。造成接种反应的原因可能是疫苗的毒力太强、使用量太大，或疫苗质量差。一旦发生接种反应，应立即采取积极的对症疗法，加强饲养管理，促使尽快恢复。

接种后形成的免疫期，因疫苗的种类和剂型不同而有长短。免疫滴度达到高峰之后，会慢慢地下降，这时如能进行第二次免疫，一般很容易使免疫滴度再上升，如此经过数次免疫之后，其免疫状态更加巩固。

免疫效果理想与否，与鸡场的环境卫生状况、饲养管理条件的优劣、鸡只营养、体质、健康状况有密切关系。这就要求鸡场兽医在鸡群免疫接种时，要选择优质的疫苗、合适的免疫方法及恰当的免疫时机，以达到理想的免疫效果。

二、蛋鸡参考免疫程序

附表1　蛋鸡的免疫程序（一）

日龄	疫苗	接种方法
1	马立克病疫苗	颈部皮下或肌肉注射
7～10	新城疫＋传染性支气管炎弱毒苗（H_{120}）	滴鼻或点眼
	复合新城疫＋多价传染性支气管炎灭活苗	皮下或肌肉注射

（续表）

日龄	疫苗	接种方法
14~16	传染性法氏囊病弱毒苗	饮水
20~25	新城疫Ⅱ或Ⅳ系+传染性支气管炎弱毒苗（H_{52}）	气雾、滴鼻或点眼
	禽流感灭活苗	皮下注射0.3ml/只
30~35	传染性法氏囊病弱毒苗	饮水
	鸡痘疫苗	翅内侧刺种或皮下注射
40	传染性喉支气管炎弱毒苗	点眼
60	新城疫Ⅰ系	肌内注射
90	传染性喉支气管炎弱毒苗	点眼
110~120	新城疫+传染性支气管炎+减蛋综合征油苗	肌内注射
	禽流感油苗	皮下注射0.5ml/只
	鸡痘弱毒苗	翅内侧刺种或皮下注射
320~350	禽流感油苗	皮下注射0.5ml/只
	新城疫Ⅰ系	肌内注射

附表2　蛋鸡的免疫程序（二）

日龄	疫苗	接种方法
1	马立克病疫苗	颈部皮下或肌肉注射
7~10	新城疫+传染性支气管炎弱毒苗（H_{120}）	滴鼻或点眼
	复合新城疫+多价传染性支气管炎灭活苗	皮下或肌内注射
14~16	传染性法氏囊病弱毒苗	饮水
18~20	支原体冻干苗	点眼（疫区使用）
25	新城疫Ⅱ或Ⅳ系+传染性支气管炎弱毒苗（H_{52}）	气雾、滴鼻或点眼
	禽流感灭活苗	皮下注射0.3ml/只
30~35	传染性法氏囊病弱毒苗	饮水
	鸡痘疫苗	翅内侧刺种或皮下注射

（续表）

日龄	疫苗	接种方法
40	传染性喉支气管炎弱毒苗	点眼
50	传染性鼻炎油苗	肌内注射
60	支原体油苗	肌内注射（疫区使用）
90	传染性喉支气管炎弱毒苗	点眼
100	大肠杆菌本地株油苗（或自家苗）	肌内注射（疫区使用）
	新城疫＋传染性支气管炎＋减蛋综合征油苗	肌内注射
110～120	禽流感油苗	皮下注射 0.5ml/只
	鸡痘弱毒苗	翅内侧刺种或皮下注射
320～350	禽流感油苗	皮下注射 0.5ml/只
	新城疫Ⅰ系	肌内注射

参考文献

[1] 肖冠华.2014.投资养蛋鸡——你准备好了吗？[M].北京：化学工业出版社.

[2] 赵桂苹，黎寿丰.2009.养鸡致富综合配套新技术[M].北京：中国农业出版社.

[3] 王庆民.2012.科学养鸡指南[M].第2版.北京：金盾出版社.

[4] 呙于明.2003.鸡的营养与饲料配制[M].北京：中国农业大学出版社.

[5] 王成章，王恬.2011.饲料学[M].第2版.北京：中国农业出版社.

[6] 魏忠义.2005.高产蛋鸡饲养新技术[M].陕西：西北农林科技大学出版社.

[7] 魏刚才，刘保国.2010.现代实用养鸡技术大全[M].北京：化学工业出版社.

[8] 王建国，张敬.2011.生态养蛋鸡[M].北京：中国农业出版社.

[9] 马学恩.2011.蛋鸡饲养致富指南[M].内蒙古：内蒙古科学技术出版社.

[10] 尹燕博.2004.禽病手册[M].北京：中国农业出版社.

[11] 林伟.2009.蛋鸡高效健康养殖关键技术[M].北京：化

学工业出版社.

［12］张敬，江乐泽.2009.无公害散养蛋鸡［M］.北京：中国
农业出版社.

［13］郑长山，谷子林.2013.规模化生态蛋鸡养殖技术［M］.
北京：中国农业大学出版社.

［14］范红结.2010.新编鸡场疾病控制技术［M］.北京：化学
工业出版社.

［15］陈杖榴.2010.兽医药理学［M］.第3版.北京：中国农业
出版社.